PERIODENSYSTEM UND 2D-ATOMAUFBAU

EIN NEUES PERIODENSYSTEM DER ELEMENTE!

HELMUT M. ALBERT

ABSTRACT

Die vorliegende Arbeit zeigt detailliert den schachbrettartigen 2d-Atomaufbau der Elemente des Periodensystems (PSE) und erklärt damit erstmals die chemischen Eigenschaften und den Aufbau des PSE mit einem Proton-Neutron-System statt mit einem Elektronen-System. Bisher wurden die Perioden und Gruppen des PSE mit dem in den 1910er bis 1920er Jahren entwickelten Elektronen-System erklärt. Die Analyse der Theorie des Elektronen-Systems zeigt jedoch Unzulänglichkeiten, die eine alternative Erklärungsgrundlage überfällig erscheinen lassen.

INHALT

GLOSSAR

PSE =   Periodensystem der Elemente

Nach der Lehrmeinung:

Atom =   Atomkern und Atomhülle (Kern-Hülle-Atom)
Atomkern =   Protonen und Neutronen (kugelförmige, mehrförmige Grundform)
Atommasse =   Angabe der Atommasse: Durchschnittliche Masse der Isotope eines Elements
Edelgaskonfiguration = Elektronenkonfiguration der Edelgase. Oktettregel
Oktettregel =   Achterregel. Jeweils 8 Elektronen in einer Hauptschale der Atomhülle
Elektronen =   Elektrisch negativer Atombaustein
Protonen =   Elektrisch positiver Kernbaustein
Neutronen =   Elektrisch neutraler Kernbaustein
Nukleonen =   Kernbausteine des Atoms
Bohrsches Atomodell = Atommodell (1913) von Niels Bohr
Schalenmodell =   Kern-Hülle-Atommodell mit Elektronenschalen
Orbitalmodell =   Kern-Hülle-Atommodell (1925 / 1926) von E. Schrödinger und W. Heisenberg

Nach dem schachbrettartigen 2d-Atomaufbau:

Schachbrettartiger 2d-Atomaufbau = schachbrettartige Besetzung des Atomkerns durch Protonen und
Neutronen im Quadratgitter. Atommodell mit schachbrettartiger Struktur (Albert G. Albert H. 2017)

Atom =   Atomkern (Atomhülle existiert nicht!)
Atomkern =   Atom - geschlossene und offene Atomrechtecke
Atomrechtecke =   Geometrische Grundform der Atome (Erstes Atomrechteck = Helium-4)
Atommasse =   Relative Atommasse. Anzahl der Protonen und Neutronen eines Atomkerns
Bausteinreihen =   Mit Protonen und Neutronen besetzte, zwei bis vier äußere Reihen des Atoms
Elektronen =   (Kein Atomteilchen) Anderer Name für freie Protonen
Protonen =   Elektrisch positiver Kernbaustein
Neutronen =   Elektrisch neutraler Kernbaustein
Nukleonen =   Kernbausteine Proton und Neutron
Oktettregel =   Anzahl der Protonen in den Bausteinreihen der 2. und 3. Periode
Proton-Neutron-Konfiguration = Schachbrettartige, zweidimensionale Kernstruktur
2d-Atome =   Zweidimensional aufgebaute Atome. Alle Atome sind im 2d- Quadratgitter durch
                                Protonen und Neutronen aufgebaut

PERIODENSYSTEM UND 2D-ATOMAUFBAU

EIN NEUES PERIODENSYSTEM DER ELEMENTE!

HELMUT M. ALBERT

IMPRESSUM

Bibliografische Information der Deutschen Nationalbibliothek: Die Deutsche Nationalbibliothek verzeichnet diese Publikation in der Deutschen Nationalbibliografie; detaillierte bibliografische Daten sind im Internet über http://dnb.dnb.de abrufbar.

Periodensystem und 2d-Atomaufbau. Ein neues Periodensystem der Elemente!
Helmut M. Albert, 79102 Freiburg/Germany
Illustrationen und Texte: © Helmut M. Albert 2025

Verlag: BoD · Books on Demand GmbH, In de Tarpen 42, 22848 Norderstedt, bod@bod.de
Druck: Libri Plureos GmbH, Friedensallee 273, 22763 Hamburg
ISBN: 978-3-7693-2708-3

1   DAS PERIODENSYSTEM IM FOKUS

Vor mehr als 150 Jahren veröffentlichten Dmitri Mendelejew (1834-1907) und etwas später Lothar Meyer (1830-1895) ihre Periodensysteme, mit denen sie einen Zusammenhang zwischen den Atomgewichten (heute: Atommassen) und den Eigenschaften der Elemente herstellten. Aus diesem Grund hat die UNESCO das Jubiläumsjahr 2019 zum Internationalen Jahr des Periodensystems" erklärt. Einige Fragen zur Struktur des PSE sind jedoch nur scheinbar beantwortet. Die Interpretation der PSE-Struktur geht insbesondere auf Niels Bohr (1885-1962) zurück. Mit seinem "Aufbauprinzip" von 1921 entwarf er noch vor der Entdeckung der beiden massetragenden Kernbausteine das in seinem Grundaufbau bis heute gültige Elektronen-System des Atoms.

Durch quantenphysikalische Modifikationen wurde das als inkonsistent angesehene Bohrsche Atommodell 1925 zum Orbitalmodell weiterentwickelt. Allerdings wurde das Elektronensystem durch die Modifikationen so unanschaulich, dass Physiklehrer heute gerne auf das Bohrsche Atommodell zurückgreifen. Die Vorstellung von wellenförmigen Elektronen lässt sich jedoch nur schwer mit dem Bohrschen Besetzungssystem in Einklang bringen. Aus den Unzulänglichkeiten dieser Atomtheorien ergeben sich Fragen für die PSE-Konstruktion: Wie können Perioden und Gruppen realistisch erklärt werden, wenn das Orbitalmodell falsch ist? Können die chemischen Eigenschaften der Elemente mit einem Proton-Neutron-System besser erklärt werden als mit einem Elektronen-System?

Der Beantwortung dieser Fragen und der Gegenüberstellung einer alternativen Atomtheorie gehen eine kritische Auseinandersetzung mit den Lehrmeinungen und Atomtheorien des 20. Jahrhunderts voraus. Zur Erläuterung der Zusammenhänge wird nach dem einleitenden 1. Kapitel zunächst im 2. Kapitel die Chronologie der Teilchenentdeckungen und Atomtheorien dargestellt und im 3. Kapitel eine alternative Atomtheorie als Erklärungsgrundlage des Periodensystems vorgestellt. Dabei werden die Elemente, Perioden und Gruppen mit der Theorie eines Proton-Neutron-Systems dargestellt und erklärt. Dies geschieht, indem die allgemein verfügbaren Protonen- und Massenzahlen der Elemente nach dieser neuen Theorie interpretiert werden (vgl. Albert 2023; Albert 2019; Albert G., Albert H. 2017).

2   FORSCHUNGSSTAND DES PERIODENSYSTEMS DER ELEMEMTE

Zu Beginn des 19. Jahrhunderts rückte die Atomvorstellung immer mehr in den Mittelpunkt des Interesses von Wissenschaftlern. Nach Torsten Schmiermund (Schmiermund 2019:13) war das erste und bis heute bedeutende Atommodell der Neuzeit das von John Dalton (1766-1844), der unter anderem postulierte: „Die Atome eines Elements sind untereinander in ihrer Masse und ihren chemischen Eigenschaften gleich". Nachdem sich die Vorstellung von Atomen immer endlich gefestigt hatte, ging es 1860 bei einer Versammlung internationaler Wissenschaftler in Karlsruhe um die begrifflichen Definitionen der Atome als kleinster Einheit der chemischen Elemente. Dabei wurden die chemischen Eigenschaften und die Atommasse den bis dahin nur theoretisch angenommenen Atomen, zugeordnet und bestätigt. (Vgl. Bleck-Neuhaus 2013:246-250). Zum damaligen Forschungsstand meint Bleck-Neuhaus (2013:250): „Viel wurde gerätselt über eine mögliche Ordnung zwischen beiden".

Mit dieser Ordnung beschäftigten sich Mitte des 19. Jahrhunderts auch die Chemiker Dmitri Mendelejew und Lothar Meyer. Als Ergebnis seiner Forschungen veröffentlichte Mendelejew 1869 eine Tabelle der Elemente mit Perioden und Gruppen, die den Vorläufer des heutigen Periodensystems darstellt (Vgl. „Mendelejew" 2024). Später veröffentlichte Meyer eine ähnliche Tabelle. Nach Torsten Schmiermund (2019) stehen in dem von Lothar Meyer entwickelten Periodensystem die physikalischen Eigenschaften der Elemente im Vordergrund, während im Periodensystem von Mendelejew die Elemente nach ihren chemischen Eigenschaften geordnet sind. (Vgl. Schmiermund 2019: 22). Dennoch schreibt Mendelejew (2018: 682; 1891) im Werk *Grundlagen der Chemie*: „Dem Sinne aller unserer physikalisch-chemischen Kenntnisse nach ist aber die Masse einer Substanz eben die Eigenschaft, von welcher alle anderen Eigenschaften der Materie abhängen müssen, (...)".

Neben den Eigenschaften der Elemente stand damals das Phänomen der Elektrizität im Mittelpunkt des Interesses vieler Forscher. Ausgehend von Elektrolyseversuchen ging George Johnstone Stoney von kleinsten elektrischen Teilchen aus, deren Ladung er bestimmte und die er 1891 als „Elektronen" bezeichnete. (Vgl. „Stoney" 2024). J.J. Thomson übernahm den Namen „Elektron" für die von ihm in

Kathodenstrahlen entdeckten Teilchen, die er zuvor noch „Korpuskel" genannt hatte (Vgl. „Thomson" 2024). Bei Untersuchungen stellte er fest, dass die Elektronen-Masse 1800-mal kleiner ist als die des Wasserstoffatoms. Darauf aufbauend veröffentlicht er 1903 das erste Atommodell (gen. Rosinenkuchenmodell) des 20. Jh. mit negativ geladenen Elektronen, die in einer positiven Grundmasse verteilt sind (Vgl. „Thomson" 2024). Jahre später löst Ernest Rutherford (1867-1911) mit seinem Kern-Hülle-Atommodell von 1911 das Thomsonsche Atommodell ab. Aufgrund von Streuexperimenten, bei denen er eine Goldfolie mit Alphateilchen beschießt, geht Rutherford von einem elektrisch positiven Atomkern und einer Atomhülle mit negativen Elektronen aus. Damit schuf Rutherford eine Atomvorstellung, die ebenso wie das darauf aufbauende Bohrsche Atommodell bis heute das Atom-Bild prägt. (Vgl. Demtröder 2019:46-47; Schmiermund 2019: 418-428).

Niels Bohr modifiziert 1913 das Rutherfordsche Atommodell, indem er zuerst Elektronen auf Kreisbahnen und Jahre später in Schalen der Atomhülle postuliert. Währenddessen stellt Henry Moseley (1885-1915) 1914 fest, dass nicht die Atommasse, sondern die Kernladungszahl des Atomkerns, die Ordnungszahlen des PSE bestimmen muss. Diese Kernladungszahl und die die chemischen Eigenschaften der Elemente bringt Bohr mit seinem so genannten „Aufbauprinzip", in Verbindung. Bohr geht davon aus, dass das Auffüllen der Schalen mit Elektronen, die vom Atomkern angezogen werden, nach dem Prinzip der niedrigsten Energie erfolgt. So füllen sich die Schalen sukzessive von innen nach außen. In ähnlicher Weise lässt sich auch der Aufbau des Atomkerns beschreiben (Vgl. „Aufbauprinzip" 2024). 1922 erhält Bohr den Nobelpreis und sagt in seiner Nobelpreisrede über den Aufbau des Elektronen-Systems:

> „So sind wir dazu geführt worden, anzunehmen, dass die Zahl, die in der Abbildung den verschiedenen Elementen beigefügt ist und die die Stelle des betreffenden Elementes im System angibt, die sogenannte Atomnummer, gerade gleich ist der Anzahl von Elektronen, die sich im neutralen Atom um den Kern bewegen".
> (Bohr 1922:9-10).

In seiner Rede vergleicht Niels Bohr (1922: 6) ein Atom, bestehend aus Atomkern und Atomhülle, mit einem „Planetensystem". Bohr scheint überzeugt, dass der wesentliche Atomaufbau geklärt und verstanden ist (ebd. 1922:5). Die Weiterentwicklung des Bohrschen Atommodells zum Schalenmodell bildet die Ausgangsbasis für das darauf folgende Orbitalmodell. Im Artikel „Als die Atome Schalen bekamen" des Magazins *Scinexx* hebt Nadja Podbregar (2013) die Bedeutung des Bohrschen Atommodells hervor und schreibt: „Mit seiner Hilfe wird beispielsweise bis heute die Bindung der chemischen Elemente und letztlich das gesamte Periodensystem der Elemente erklärt". Vom Bohrschen Schalenmodell (Atommodell) übernimmt das Orbitalmodell von 1925 / 1926 auch die Vorstellung von Elektronenkonfigurationen in der Atomhülle zur Erklärung der chemischen Eigenschaften. Im Unterschied zum Bohrschen Schalenmodell werden im Orbitalmodell die Schalen der Atomhülle jedoch in weitere Orbitale unterteilt und wellenartige Elektronen sind nur in bestimmten „Wahrscheinlichkeitsbereichen" lokalisierbar. Die Bestimmung der Eigenschaften der Orbitale erfolgt dabei mit Hilfe von Quantenzahlen (Vgl. Schmiermund 2019: 511). Ein Auszugsblatt des *Klettverlags* beschreibt den Aufbau des Orbitalmodells genauer (Vgl. Das Orbitalmodell 2012). Danach wird mit einer Elektronenkonfiguration die gesamte Anzahl der Elektronen eines Atoms bezeichnet. Weiter heißt es: „Im Periodensystem der Elemente spiegelt sich der Aufbau der Elektronenhülle wider[B6]"(Das Orbitalmodell 2012: 8). Die Zahl der Elemente in den ersten beiden Perioden des PSE soll danach der größtmöglichen Anzahl von Elektronen im 1s-Orbital und dem 2s- und 2p-Orbitalen gleichen. Ähnliches gilt für die weiteren Perioden und Orbitale (Vgl. ebd. 2012: 8).

In seinem Standardwerk *Gerthsen Physik* schreibt Meschede (2015: 826), dass der systematische Atomaufbau des Periodensystems aus der Beobachtung der Atommassen der Elemente und ihrer chemischen Reaktionen hervorgegangen ist und schreibt:

> „Heute deuten wir die meisten Eigenschaften der Atome als Konsequenz ihrer elektronischen Hülle, wir fügen dazu – wie in einem Baukasten – Elektron um Elektron hinzu. Auch die Gesamtladung des schweren Atomkerns muss im gleichen Maß zunehmen, dessen Eigenschaften sind aber Thema eines eigenen Kapitels".

Zu den Eigenschaften der Materie aus Atomen und Molekülen, meint er:„(...) sie werden nämlich von der Bewegung der Elektronen bestimmt".

Mit der Entdeckung des Protons 1919 und des Neutrons 1932 wird die Atommasse erklärbar. Es werden Vorstellungen über den Aufbau des Atomkerns entwickelt, die mit der Kernschalen-Theorie 1948 einen ersten Abschluss finden. Dabei bleibt die Bedeutung des Atomkerns auf seine physikalischen Eigenschaften beschränkt. Um Proton und Neutron zu klassifizieren, bezeichnete der Physiker Werner Heisenberg 1932 die Kernbausteine als zwei Zustände eines einzigen Teilchens, des Nukleons. Galten die Nukleonen damals noch als Elementarteilchen, änderte sich diese Vorstellung um 1960, als sie aufgrund der Quark-Theorie nur noch als zusammengesetzte Teilchen betrachtet wurden (Vgl. Bleck-Neuhaus 2013: 1125-1130).

3 DIE GRUNDLAGE DES PSE: DER 2D-ATOMAUFBAU

Mit der Theorie des schachbrettartigen 2d-Atomaufbaus wird eine Gegenposition zur bisherigen Lehrmeinung vertreten. Im Folgenden wird gezeigt wie mit dieser Theorie das Periodensystem der Elemente (PSE) und seine Perioden und Gruppen vollständig erklärt sind. Die bisherigen Interpretationen des Periodensystems mit dem Orbital- oder Schalenmodell beruhen auf einem Irrtum, da diese Atommodelle unrealistisch sind! Sogenannte „Elektronen" existieren zwar als Phänomene außerhalb der Atome. Sie sind aber keine eigenständige Teilchenart, sondern „freie Protonen". Es gibt also nicht drei verschiedene Bausteine des Atoms, sondern nur zwei: Proton und Neutron! Wobei das Neutron „nur" den zweiten Spin-Zustand des Protons darstellt, während das Proton der eigentliche Grundbaustein des Universums ist.

Die Grundlage des schachbrettartigen 2d-Atomaufbaus bilden die Eigenschaften der kreiselähnlichen Protonen und Neutronen. Nur aufgrund ihrer entgegen gesetzten Rotation können Nukleonen schachbrettartige Atome aufbauen. Protonen (Spin up) sind die rechts- und Neutronen(Spin down) die linksdrehenden Bausteine des Atoms Diese Rotations-Eigenschaften sind nicht beliebig, sondern bestimmen die Identität eines Protons und Neutrons und ihre exakte schachbrettartige Atomstruktur. Die Identität eines Nukleons wechselt, wenn sich die Rotationsachse unter Krafteinwirkung um 180° umkehrt (Vgl. Albert G., Albert H. 2017: 12). In der Physik als „Spin-Flip" bezeichnet („Spin-Flip" 2024).

Die Wechselwirkungen von Anziehung und Abstoßung aufgrund der entgegengesetzten und gleichen Rotation der Nukleonen ist die Kernkraft des Atomkerns. Entgegengesetzt rotierende Bausteine berühren sich an ihren Äquatoren und „haften" aneinander, während die in gleicher Richtung rotierenden Bausteine sich abstoßen und nicht berühren. Der Aufbau der Atome erfolgt durch Protonen und Neutronen quadratisch nach vier Seiten von innen nach außen. Jedoch nicht einfach Nukleon für Nukleon, sondern, kleinere Atome fügen sich zu größeren Atomen zusammen(Vgl. Albert G. Albert H. 2017).

Auf diese Weise entstehen vollständig und unvollständig mit Protonen und Neutronen besetzte Atomrechtecke. Die jeweils äußeren Bausteinreihen sind dabei die chemisch relevanten Bereiche der

Atome. Im Gegensatz zur Theorie des Orbital- und Schalenmodells kann es nach der Theorie des schachbrettartigen 2d-Atomaufbaus kein wie es bisher angenommenes Elektronen-System geben. Stattdessen stellt ein Elektron den freien Zustand eines Protons dar, worauf hier nicht näher eingegangen werden soll. Alle Atome sind schachbrettartig-planar aufgebaut, wobei ihre Proton-Neutron-Konfigurationen die chemischen Eigenschaften der Elemente bestimmen. Die Ursache der Perioden und Gruppen des Periodensystems sind also die unterschiedlichen Proton-Neutron-Konfigurationen geordnet nach ihrer steigenden Protonenzahl (Kernladungszahl). Ein Atomrechteck, das vollständig mit Protonen und Neutronen besetzt ist, stellt eine Edelgaskonfiguration dar (Vgl. Albert G., Albert H. 2017: 13; Albert 2023: 14f.). Dagegen sind Atome, deren Atomrechtecke unbesetzte Plätze (Lücken) in den äußeren Bausteinreihen aufweisen, reaktiv und können Bindungen mit anderen Atomen eingehen. Daher kann von einer Chemie des Atomkerns gesprochen werden (Vgl. Albert 2023).

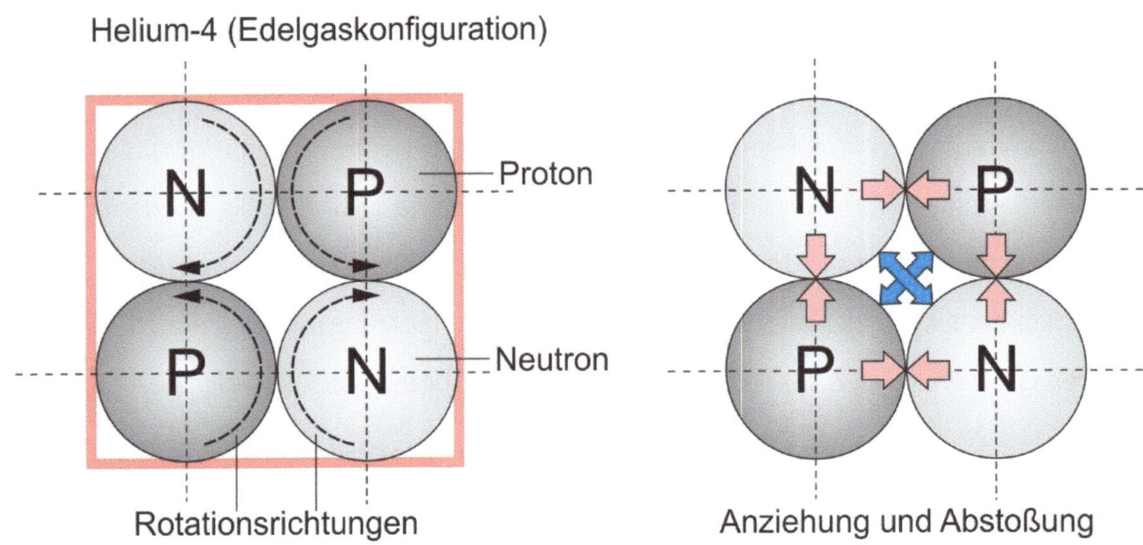

Abb. 1. Helium-4 schachbrettartiger Aufbau (Edelgaskonfiguration)

Nukleonen, die in der gleichen Richtung rotieren, stoßen sich ab, Nukleonen, die in entgegengesetzter Richtung rotieren, ziehen sich an. (Vgl. Albert G., Albert H. 2017: 12)

3.1 DIE BAUSTEINREIHEN DER ATOME UND DIE PERIODEN DES PSE

Alle Atome der Edelgasgruppe verfügen über vollständig besetzte Atomrechtecke.

Das erste vollständig besetzte Edelgasatom im PSE ist Helium-4 (siehe Abbildung 1). Bis zur Mitte der 4. Periode bauen sich die Atome quadratisch nach vier Seiten hin auf. Die äußeren Bausteinreihen der Atome sind entweder teilweise oder vollständig mit Protonen und Neutronen besetzt. Je nachdem handelt es sich um ein offenes oder geschlossenes System. Etwa ab der Mitte der vierten Periode bauen sich die Atomrechtecke nur noch nach zwei gegenüberliegenden Seiten der Atome in Siebener-Bausteinreihen auf (Vgl. Albert G., Albert H. 2017). Die äußeren Bausteinreihen können jeweils unbesetzte Protonen- und Neutronenplätze aufweisen, die eine Wertigkeit (Valenz) gegen Wasserstoff oder gegen Sauerstoff (Chlor) darstellen. Sie sind daher chemisch reaktiv und können entsprechende Nukleonen aufnehmen. Die chemisch relevanten Bereiche eines Atoms sind die äußeren Bausteinreihen der Protonen und Neutronen. Bisher vermutete die Wissenschaft diese Bereiche in einer Elektronenhülle.

Abbildung 3 zeigt anhand der schachbrettartigen Atomstruktur, wie sich die unterschiedlichen Perioden auf die äußeren, mit Protonen besetzten Bausteinreihen der Atome zurückführen lassen. Bis zur ersten Edelgaskonfiguration Helium-4 sind nur 2 Protonen und ebenso viele Neutronen erforderlich, weshalb die 1. Periode nur 2 Elemente, nämlich Wasserstoff und Helium, umfasst. Bis zur nächsten Edelgaskonfiguration von Neon kommen bereits 8 weitere Protonen hinzu, die sich in 8 Elementen der 2. Periode auswirken. Nochmals 8 Protonen kommen bis zum Edelgasatom Argon-36 hinzu, weshalb auch die 3. Periode 8 Elemente aufweist.

Die chemischen Eigenschaften der Elemente sind von den Proton-Neutron-Konfigurationen der Atome abhängig.

Die folgende 4. Periode mit den ersten Atomen der „Siebener-Bausteinreihen" ist länger, weil vom Kalium-Atom bis zum vollständigen Atomrechteck des Edelgases Krypton 24 Protonen hinzukommen müssen. Das Edelgasatom Krypton-84 verfügt also über 42 Protonen und 42 Neutronen. Deshalb sind in der 4. Periode insgesamt 24 Elemente nötig und nicht nur 18 wie bisher geglaubt. Die Ordnungszahl von Krypton ist also „42". Auch die weiteren Perioden sind länger als bisher angenommen. Es muss deshalb noch weitere, bisher unbekannte Elemente geben, die jedoch hier nicht erörtert werden. Die Darstellung des Periodensystems reicht in dieser Arbeit bis zum letzten natürlichen Element Uran, wenngleich das künstlich hergestellte und instabile Edelgas Oganesson hier noch als „Eckpunkt" des PSE dargestellt und beschrieben wird. Es stellt sich die Frage ob es überhaupt sinnvoll ist die künstlich hergestellten Elemente in das PSE miteinzubeziehen.

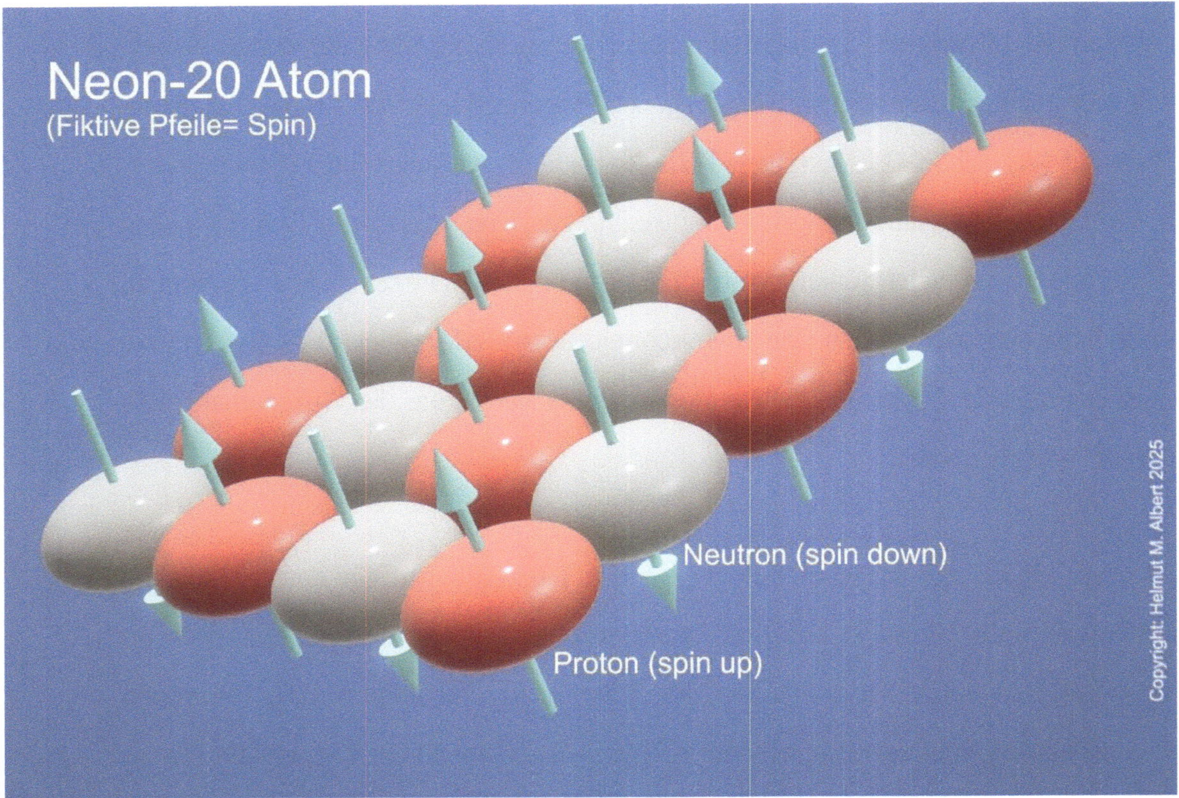

Abb. 2. Perspektivische Darstellung: Neon-20 Atom.

DIE BAUSTEINREIHEN DER ATOME
1. – 3. PERIODE

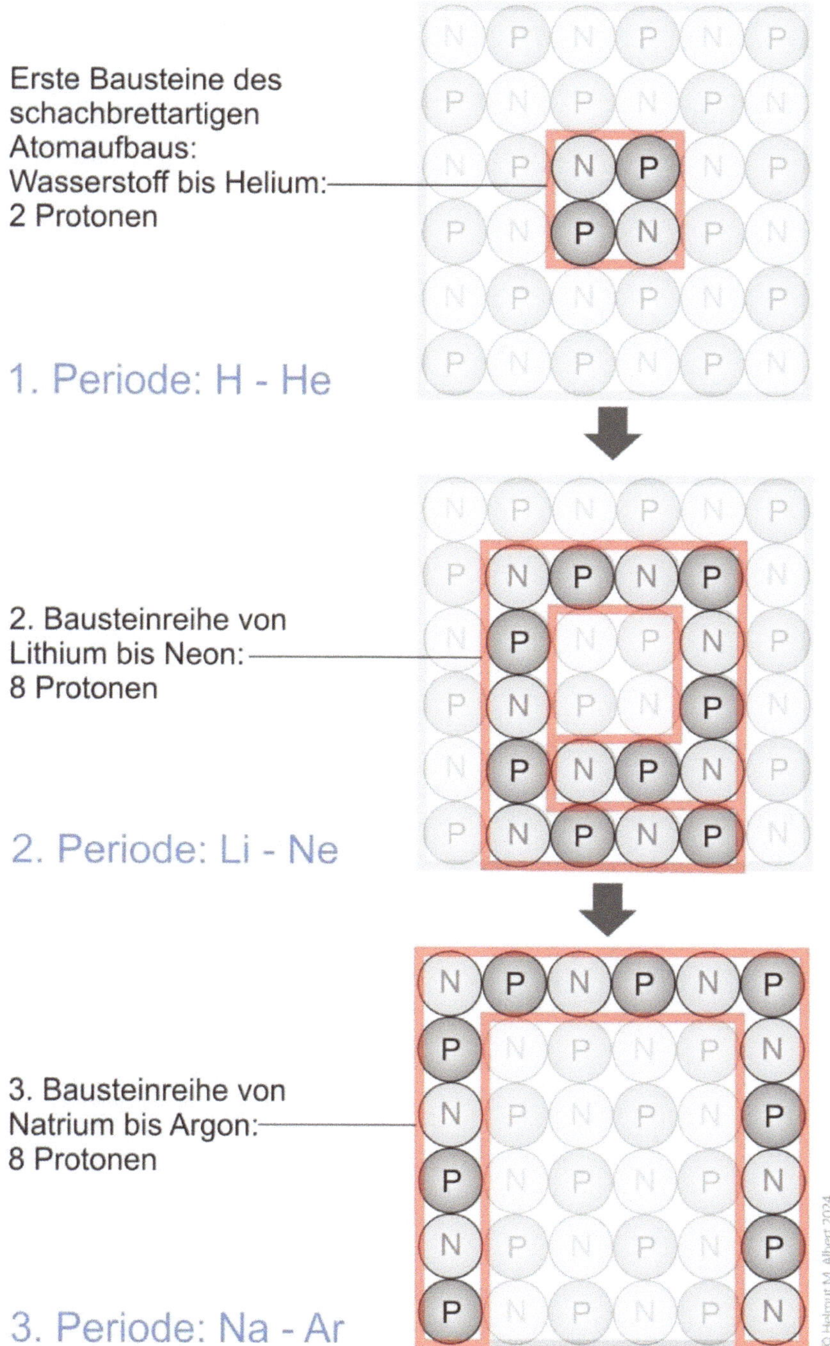

Abb. 3. Atomaufbau und Bausteinreihen. (P) Protonen (N) Neutronen. Abb. 2.1. WASSERSTOFF BIS HELIUM . Helium4. Abb. 2.1. BAUSTEINREIHEN: LITHIUM BIS NEON. Abb. 2.2 Besetzung der Bausteinreihen von Lithium - Neon, 3. BAUSTEINREIHEN: NATRIUM BIS ARGON Abb. 2.3. Besetzung der Bausteinreihen von Neon bis Argon.

SIEBENER-BAUSTEINREIHEN DER ATOME 4. – 7. PERIODE

Atome der Siebener-Bausteinreihen mit unbesetzten Nukleonen-plätzen: reaktiv! (Beispiele)

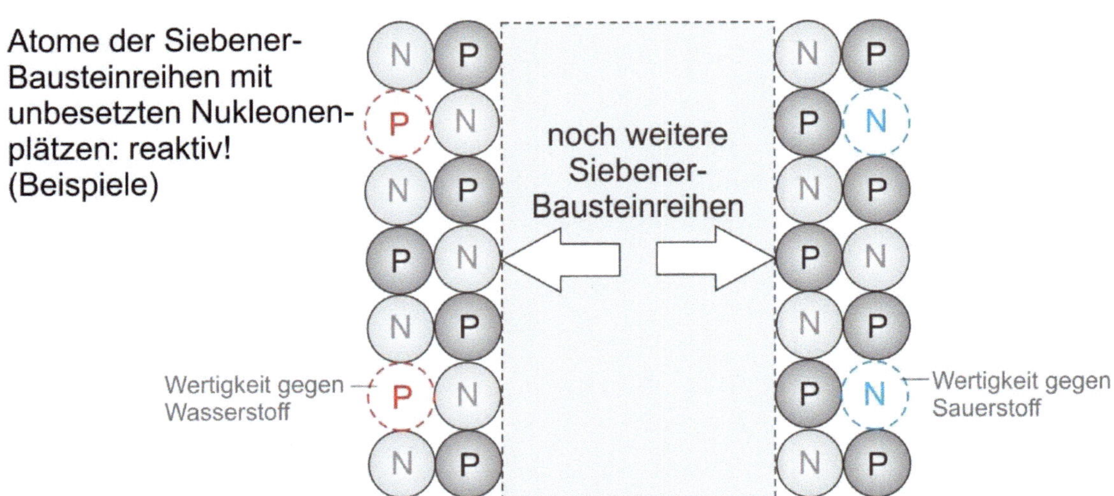

4. - 7. Periode

Edelgaskonfiguration

Atome der Siebener-Bausteinreihen, vollständig besetzt: nicht reaktiv!

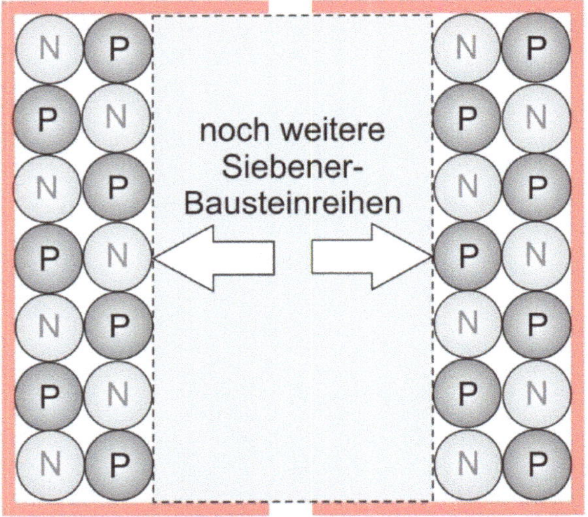

Abb. 4. Siebener- Bausteinreihen. (P) Protonen (N) Neutronen

3.2 DIE PROTON-NEUTRON-KONFIGURATIONEN DER EDELGASE

Nach der Theorie des schachbrettartigen 2d-Atomaufbaus besteht die Edelgaskonfiguration eines Atoms in einem vollständig mit Protonen und Neutronen besetzten Atomrechteck. Die Edelgaskonfiguration ist eine besondere Proton-Neutron-Konfiguration eines Atoms mit der Wertigkeit Null (Abb. 2, Neon-20). Aus diesem Grund sind Edelgasatome nicht reaktiv und kommen im Gegensatz zu reaktiven Atomen in der Natur nur einatomig vor. Alle anderen Atome sind aufgrund unbesetzter Nukleonenplätze in ihren äußeren Bausteinreihen reaktiv und können Bindungen mit anderen Atomen eingehen.

In Abbildung 3 sind die Atomrechtecke der Edelgase der ersten drei Perioden auf Grundlage des schachbrettartigen 2d-Atomaufbaus dargestellt. Dabei werden die Bausteinreihen der Edelgas-Atome, Helium, Neon und Argon rot umrandet hervorgehoben. Es wird deutlich, dass die Ursache der Oktett- oder Achterregel auf jeweils acht Protonen in den Bausteinreihen beruht, die bis zum nächstfolgenden Edelgas-Atomrechteck nötig sind. Nach dem Helium-Atomrechteck sind in der 2. Periode acht Protonen und ebenso viele Neutronen bis zum Neon-Atomrechteck notwendig. Gleiches gilt für die 3. Periode, hier sind ebenfalls acht Protonen bis zur Edelgaskonfiguration von Argon notwendig. Diese Wiederholungen, in jeder achten Position, sind die wirklichen Gründe der als „Oktett- oder Achterregel" bezeichneten Erfahrungen. Auch bei den schweren Atomen, die sich in Siebener-Reihen aufbauen, lässt sich eine „Achterregel" beobachten. Abbildung 4 zeigt den schachbrettartigen Atomaufbau der schweren Atome ab etwa Mitte der 4. Periode. Betrachtet man den Aufbau nach den beiden entgegengesetzten Seiten der Atome (Atomkerne), so erkennt man, dass auf jeder Seite abwechselnd, einmal vier und einmal drei Protonen besetzt werden. Das heißt, dass sich die Position eines Nukleons in den Siebener-Bausteinreihen in jeder achten Belegung eines Platzes wiederholt.

Der Atomaufbau der Elemente kann als Besetzungssystem verstanden werden, aber nicht als Besetzungssystem von masselosen, wellenartigen Teilchen (Elektronen)! Die Theorie der Elektronenschalen ist offensichtlich unsinnig, weil sich viele Erklärungen widersprechen und die chemischen Eigenschaften mit dem Proton-Neutron-System einfacher erklärbar sind!

Der schachbrettartige 2d-Aufbau der Atome erfolgt stringent, zunächst quadratisch von innen nach außen und dann nur noch in zwei entgegengesetzten Richtungen, dennoch sind die Proton-Neutron-Konfigurationen nicht immer vorhersehbar. Ein Grund dafür ist, dass sich kleinere Atome zu größeren zusammenschließen und nicht alle denkbaren Proton-Neutron-Konfigurationen energetisch möglich sind. So zeigt die schachbrettartige Struktur des Sauerstoffatoms 16 mit 8 Protonen und 8 Neutronen kein Atomrechteck mit 4x4 Bausteinen, sondern ein Atomrechteck mit 4x5 Bausteinplätzen, an dessen vier Ecken jeweils ein Nukleon fehlt! Wenn diese Nukleonenplätze durch Protonen und Neutronen besetzt sind, ist das Atomrechteck vollständig und es handelt sich um das Edelgasatom Neon-20. Der Unterschied in den chemischen Eigenschaften zwischen dem Sauerstoffatom und dem Neonatom liegt in der Reaktivität des Sauerstoffatoms, die das Neon nicht besitzt.

Alle Edelgase haben vollständig besetzte Atomrechtecke, sind unreaktiv und kommen in der Natur nur einatomig vor. Bei den Edelgasatomen ist die Parität von Protonen und Neutronen und damit eine gerade Massenzahl Voraussetzung für die Edelgaskonfiguration. Die vier Ecken ihres Atomrechtecks sind immer mit zwei Protonen und zwei Neutronen besetzt, so auch das erste Edelgas im PSE Helium-4. Diese Regel gilt auch für das bisher schwerste Element der PSE, das künstlich hergestellte und instabile Edelgas Oganesson. Seine Protonenzahl (Ordnungszahl) kann allerdings nicht 118 sein. Um eine Edelgaskonfiguration aufzuweisen, muss Oganesson ebenso viele Protonen wie Neutronen besitzen, also 147 Protonen und 147 Neutronen. Da schwere Atome in Siebenerreihen aufgebaut sind, muss Oganesson ein Atomrechteck mit 7 x 42 Nukleonen bilden. Aufgrund dieser vollständigen Besetzung des Atomrechtecks mit Protonen und Neutronen ist Oganesson, wie alle Edelgase, nicht reaktiv. Abbildung 5 zeigt die schachbrettartige Atomstruktur und die Proportionen der Edelgas-Atomrechtecke.

Atome von Elementen der gleichen Periode besitzen mindestens eine gleiche äußere Bausteinreihe.

Ähnliche Proton-Neutron-Konfigurationen der Atome bewirken ähnliche chemische Eigenschaften.

Vollständig mit Protonen und Neutronen besetzte Atomrechtecke stellen eine Edelgaskonfiguration dar.

DIE EDELGASKONFIGURATION DER ATOMRECHTECKE (PROPORTIONEN)

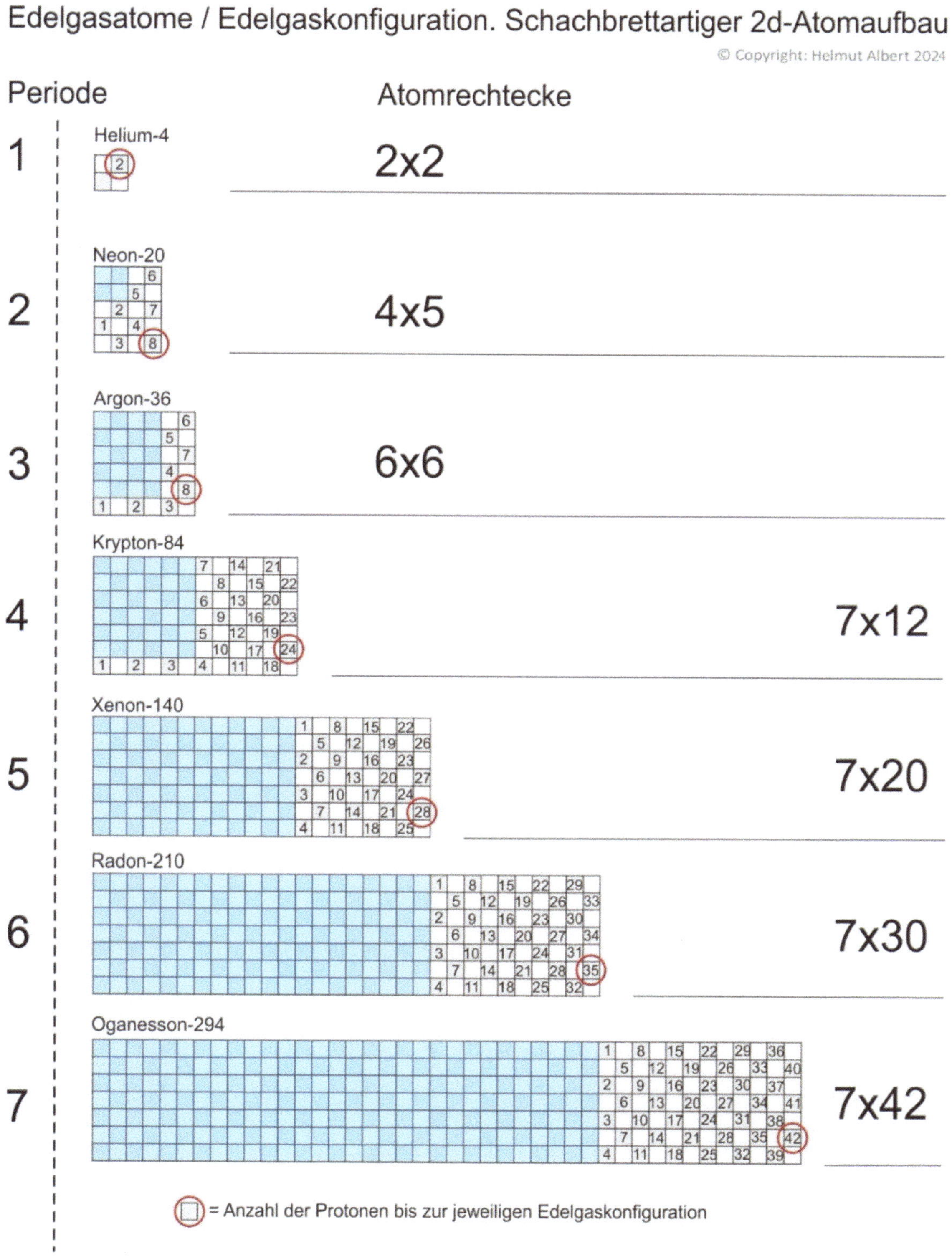

Edelgasatome / Edelgaskonfiguration. Schachbrettartiger 2d-Atomaufbau

© Copyright: Helmut Albert 2024

Periode

Atomrechtecke

1 — Helium-4 — 2x2

2 — Neon-20 — 4x5

3 — Argon-36 — 6x6

4 — Krypton-84 — 7x12

5 — Xenon-140 — 7x20

6 — Radon-210 — 7x30

7 — Oganesson-294 — 7x42

= Anzahl der Protonen bis zur jeweiligen Edelgaskonfiguration

Abb. 5. Edelgaskonfigurationen der vollständig besetzten Atomrechtecke

3.3 DIE NEUORDNUNG DES PERIODENSYSTEMS

Nach dem schachbrettartigen 2d-Atomaufbau muss das bisherige Periodensystem der Elemente in einigen Punkten geändert werden. Dies betrifft vor allem die Masse- und Ordnungszahlen der Edelgase und Elemente ab der 4. Periode. Ab dieser Periode kommen weitere, bisher unbekannte Elemente hinzu, deren Eigenschaften durch experimentelle Untersuchungen noch geklärt werden müssen. Nach diesen neuen Erkenntnissen muss die 7. Periode über insgesamt 42 Elemente verfügen, also zehn (bisher unbekannte) Elemente mehr als bisher.

Schwere Elemente des PSE, wie Oganesson, das 2016 von der IUPAC bestätigt wurde, verfügt nach dem 2d-Atomaufbau über weit mehr Protonen als bisher gedacht, sofern es tatsächlich ein Edelgas-Atom ist. Oganesson ist nach den offiziellen Untersuchungsergebnissen ein Edelgas mit 294 Nukleonen und dem Kernspin „0". (Vgl. „Oganesson" 2024). Aufgrund der schachbrettartigen Atomstruktur bedeutet dies, dass Oganesson ein geschlossenes Atomrechteck mit 42 x 7 Nukleonen bildet. Danach ordnen sich, wenn auch nur für sehr kurze Zeit, 147 Protonen und 147 Neutronen schachbrettartig zu einem Atomrechteck. Da das vorherige Edelgasatom Radon der 6. Periode nach dem schachbrettartigen Atombau 105 Protonen (Ordnungszahl 105) besitzt, sind in der 7. Periode insgesamt 42 Elemente einschließlich Oganesson möglich. Bisher ging die Wissenschaft nur von 32 Elementen in der 7. Periode aus. Der Aufbau und die Proportionen der Edelgas-Atomrechtecke sind in Abbildung 5 aufgezeigt, während Abbildung 7 das Periodensystem mit den Perioden und Elementen zeigt.

Durch die neu bestimmten Protonenzahlen (Ordnungszahlen) der Edelgase am Ende der jeweils 4. – 7. Periode ergeben sich unbesetzte Elementenplätze (siehe Abbildung 7). Schließlich geht es darum die vorhandenen Elementplätze der Perioden vollständig zu besetzen. Die 4. Periode muss mit vierundzwanzig Elementplätzen sechs Plätze mehr als bisher aufweisen. In der 5. Periode sind es zehn Plätze mehr, in der 6. drei Plätze mehr und in der 7. Periode sogar 10 Plätze mehr als bisher. Nach der schachbrettartigen Atomstruktur besitzt Krypton 42 Protonen (bisher 36), Xenon 70 (bisher 54), Radon 105 (bisher 86) und das instabile Oganesson 147 Protonen (bisher 118). Mit der Feststellung, dass Oganesson 147 Protonen aufweist, ändert sich die Gesamtzahl der Elementplätze im PSE. Danach muss das Periodensystem der Elemente insgesamt noch 29 unbekannte, stabile oder instabile

Elemente aufweisen. Vorausgesetzt, dass das künstlich hergestellte und instabile Atom von Oganesson-294 tatsächlich eine kurzzeitige Edelgaskonfiguration aufweist. Eine Möglichkeit das PSE darzustellen, kann auch darin bestehen, das letzte in der Natur vorkommende Element Uran (7. Periode) als Endpunkt des PSE zu setzen. Dann wäre die 6. Periode, mit 35 Elementen die längste Periode des PSE. Abbildung 7 zeigt das „neue PSE" in seiner Gesamtheit und unter Abb. 8. sind die Proton-Neutron-Konfigurationen der Elemente zusammengefasst. Während die Darstellungen der Atome in den ersten 4. Perioden mit etwa 90% Sicherheit der Realität entsprechen, können die Darstellungen der Atome ab der 4. Periode von der tatsächlichen Proton-Neutron-Konfiguration abweichen. Experimentelle Untersuchungen könnten hierzu näheren Aufschluss geben. Sicher ist, dass der gesamte Atomaufbau in der dargestellten schachbrettartigen Aufbauweise erfolgt.

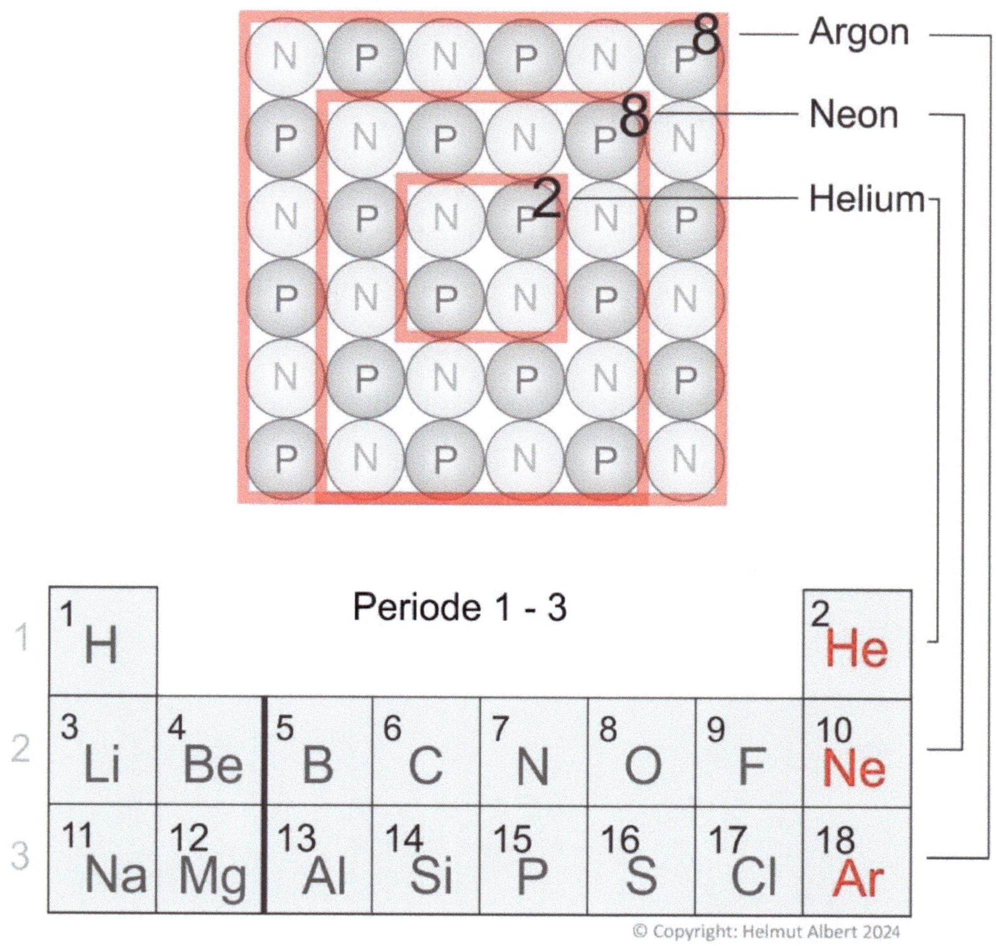

Abb. 6. Atomaufbau He-Ar und 1-3. Periode

DAS PERIODENSYSTEM NACH DEM SCHACHBRETTARTIGEN 2D-ATOMAUFBAU

1. Das Periodensystem der Elemente (PSE) basiert auf der ansteigenden Protonenzahl und den schachbrettartigen Proton-Neutron-Konfigurationen der Atome (Atomkerne).

2. Die Anzahl der Elemente in einer Periode spiegelt die Anzahl der Protonen wieder, die ab einem vollständig besetzten Atomrechteck bis zum nächst größeren vollständig besetzten Atomrechteck eines Edelgases benötigt werden.

3. Die Einteilung der Elemente in Gruppen beruht auf ähnlichen oder gleichen Proton-Neutron-Konfigurationen ihrer Atome.

4. Der unbesetzte Platz eines Nukleons in der äußeren Bausteinreihe eines Atomrechtecks kann eine Wertigkeit (Valenz) darstellen.

5. Die Atome der Edelgasgruppe sind geschlossene Systeme und nicht reaktionsfähig. Alle anderen Atome der PSE-Gruppen sind offene Systeme und reaktiv.

6. Eine Edelgaskonfiguration ist ein Atomrechteck, das vollständig mit Protonen und Neutronen besetzt ist.

7. Das kleinste vollständig besetzte Atomrechteck des PSE ist Helium-4 mit 2x2 Nukleonen, das größte Oganesson-294 mit 7x42 Nukleonen.

25

Abb. 7. Periodensystem akuell / Periodensystem 2d-Atomaufbau (modifiziert)

1. Periodensystem, PSE nach bisherigem Stand (einfarbig blau)

	1	2	3	4	5	6	7	8	9	10	11	12	13	14	15	16	17	18	19	20	21	22	23	24	25	26	27	28	29	30	31	32
1	1 H																															2 He
2	3 Li	4 Be																									5 B	6 C	7 N	8 O	9 F	10 Ne
3	11 Na	12 Mg																									13 Al	14 Si	15 P	16 S	17 Cl	18 Ar
4	19 K	20 Ca	21 Sc															22 Ti	23 Fe	24 Co	25 Ni	26 Fe	27 Co	28 Ni	29 Cu	30 Zn	31 Ga	32 Ge	33 As	34 Se	35 Br	36 As
5	37 Rb	38 Sr	39 Y															40 Zr	41 Nb	41 Mo	42 Tc	43 Ru	45 Rh	46 Pd	47 Ag	48 Cd	49 In	50 Sn	51 Sb	52 Te	53 I	54 Xe
6	55 Cs	56 Ba	57 La	58 Ce	59 Pr	60 Nd	61 Pm	62 Sm	63 Eu	64 Gd	65 Tb	66 Dy	67 Ho	68 Er	69 Tm	70 Yb	71 Lu	72 Hf	73 Ta	74 Lu	75 Re	76 Os	77 Ir	78 Pt	79 Au	80 Hg	81 Ti	82 Pb	83 Bi	84 Po	85 At	86 Rn
7	87 Fr	88 Ra	89 Ac	90 Th	91 Pa	92 U	93 Np	94 Pu	95 Am	96 Cm	97 Bk	98 Cf	99 Es	100 Fm	101 Md	102 No	103 Lr	104 Rf	105 Db	106 Sg	107 Bh	108 Hs	109 Mt	110 Ds	111 Rg	112 Cn	113 Nh	114 Fl	115 Mc	116 Lv	117 Nh	118 Og

2. Ergänztes und modifiziertes Periodensystem, PSE nach dem schachbrettartigen 2d-Atomaufbau (Änderungen: rot, violett)

	1	2	3	4	5	6	7	8	9	10	11	12	13	14	15	16	17	18	19	20	21	22	23	24	25	26	27	28	29	30	31	32	33	34	35	36	37	38	39	40	41	42
1	1 H																																									2
2	3 Li	4 Be																																			5	6	7	8	9	10
3	11 Na	12 Mg																																			13	14	15	16	17	18
4	19 K	20 Ca	21 Sc	22 Ti	23 V	24 Cr	25 Mn	26 Fe	27 Co	28 Ni	29	30																			31	32	33	34	35	36	37	38	39	40	41	42
5	43 Rb	44	45	46	47	48	49	50	51	52	53	54	55	56															57	58	59	60	61	62	63	64	65	66	67	68	69	70
6	71 Cs	72	73	74	75	76	77	78	79	80	81	82	83	84	85	86	87								88	89	90	91	92	93	94	95	96	97	98	99	100	101	102	103	104	105
7	106 Fr	107	108	109	110	111	112	113	114	115	116 U	117	118	119	120	121	122	123	124	125	126	127	128	129	130	131	132	133	134	135	136	137	138	139	140	141	142	143	144	145	146	147

28

4 DIE PROTON-NEUTRON-KONFIGURATIONEN DES PERIODENSYSTEMS DER ELEMENTE

THE PROTON-NEUTRON CONFIGURATIONS OF THE PERIODIC TABLE. 1st -7th period

(Abb. 8. – 40. Abbildungen der Atome der Elemente, 1.- 7. Periode)

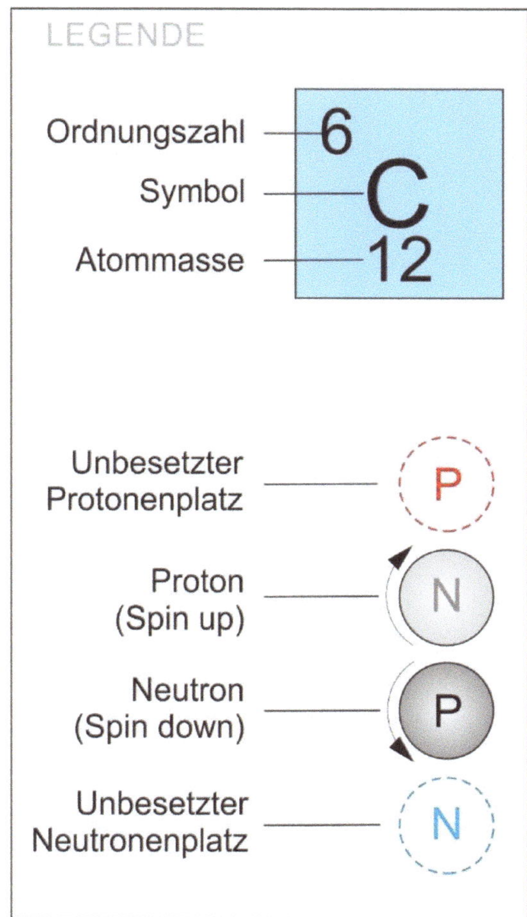

1. PERIODE

1ST PERIOD

Wasserstoff Hydrogen

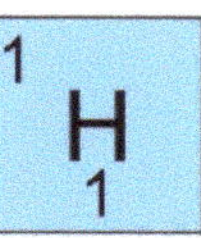

Helium (Edelgaskonfiguration)

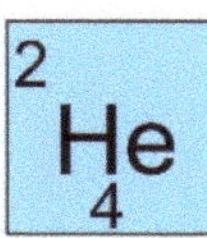

2. PERIODE

2ST PERIOD

Lithium

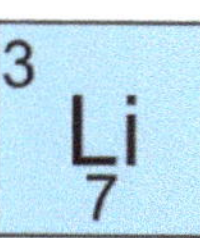

Beryllium

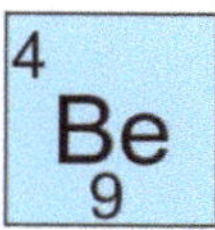

Bor Boron

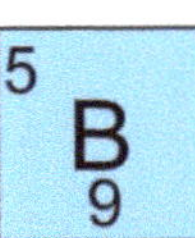

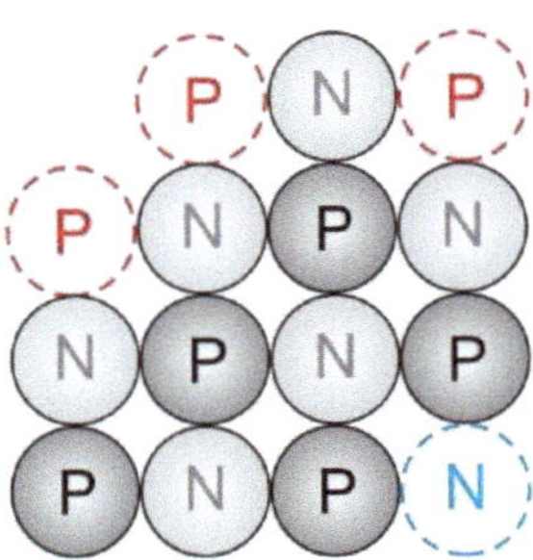

Kohlenstoff Carbon

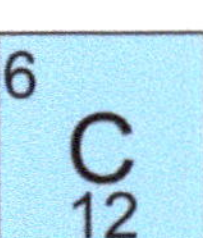

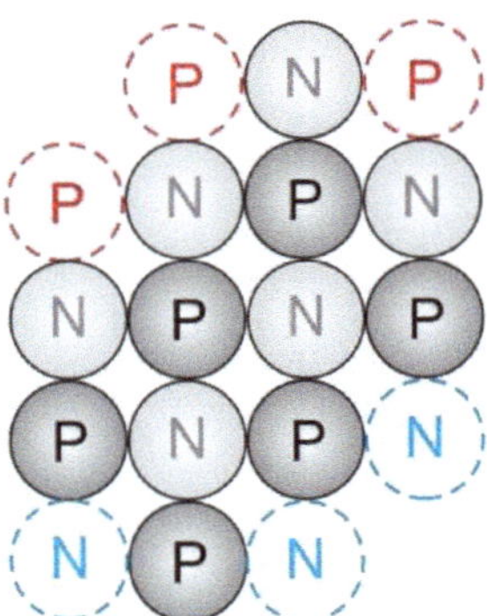

Stickstoff Nitrogen

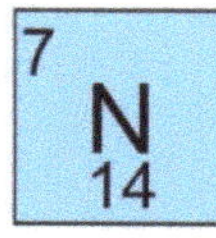

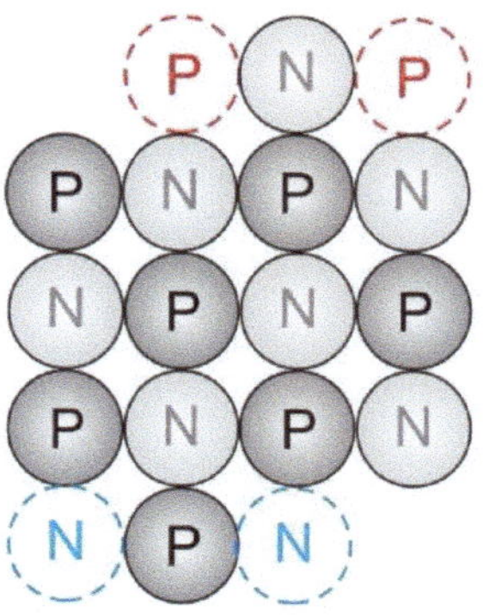

Sauerstoff Oxygen

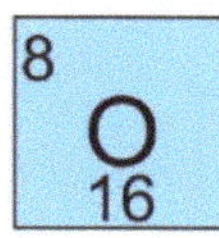

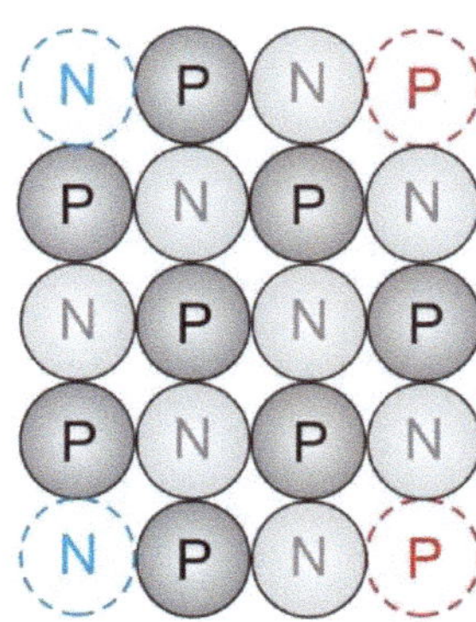

Fluor Fluorine

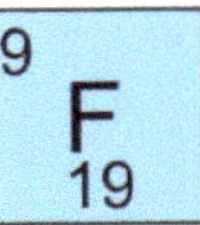

Neon (Edelgaskonfiguration)

3. PERIODE
3ST PERIOD

Natrium Sodium

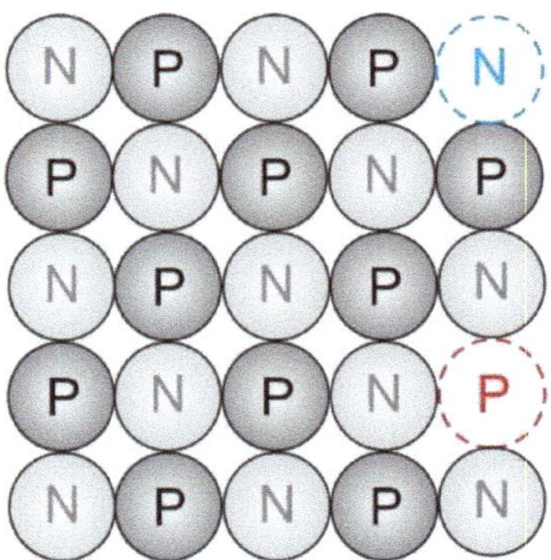

Magnesium

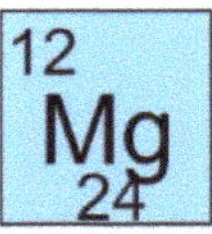

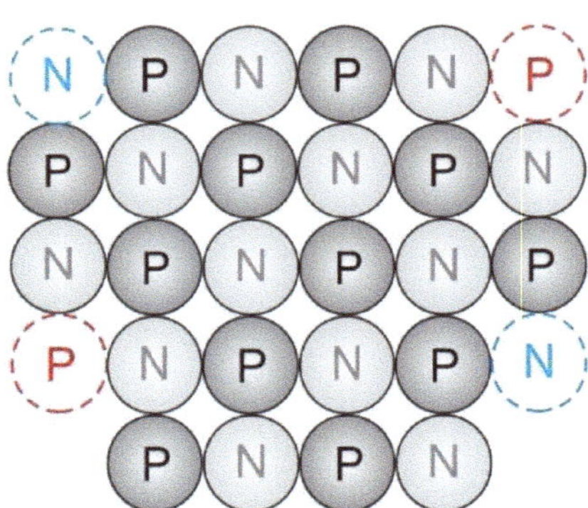

Aluminium

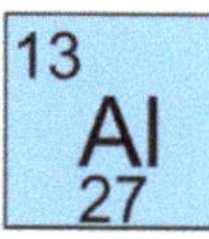

Silicium Silicon

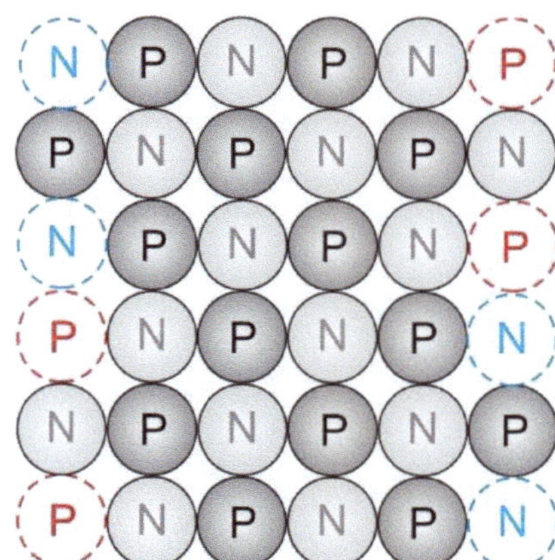

Phosphor Phosphorus

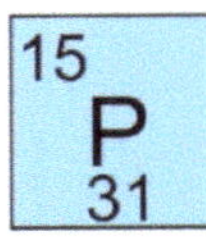

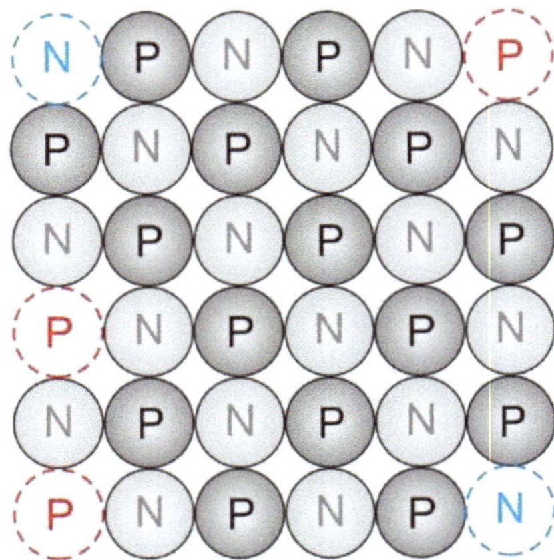

Schwefel Sulfor

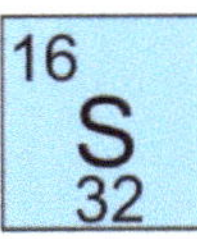

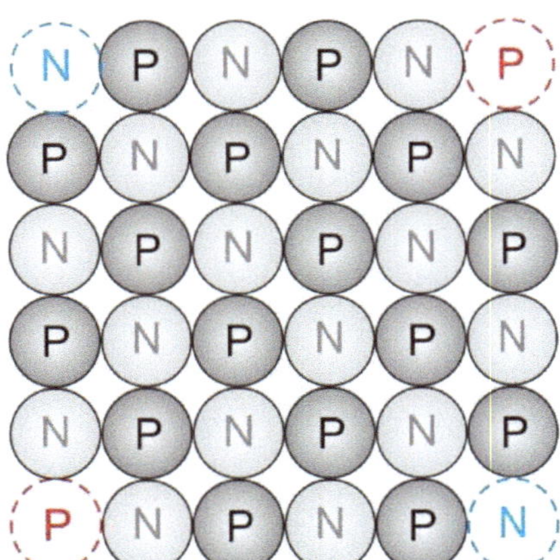

Chlor Chlorine

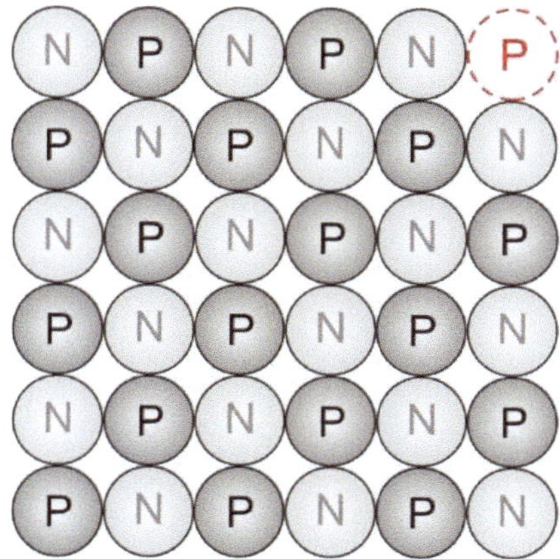

Argon (Edelgaskonfiguration)

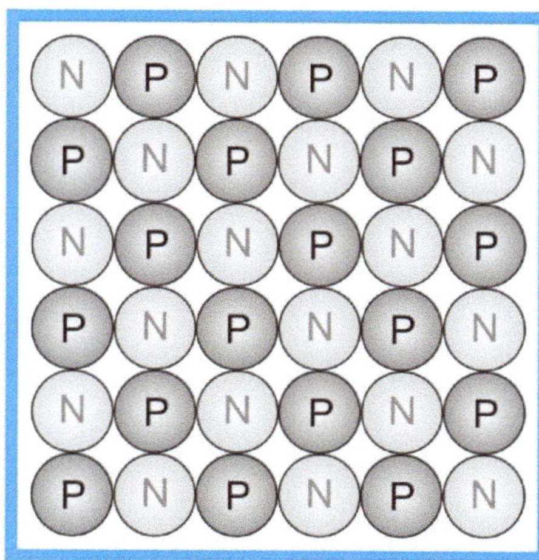

4. PERIODE

4ST PERIOD

Kalium Potassium

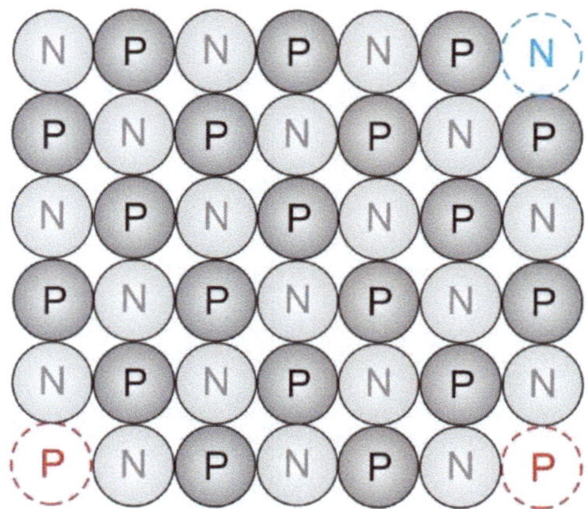

Calcium

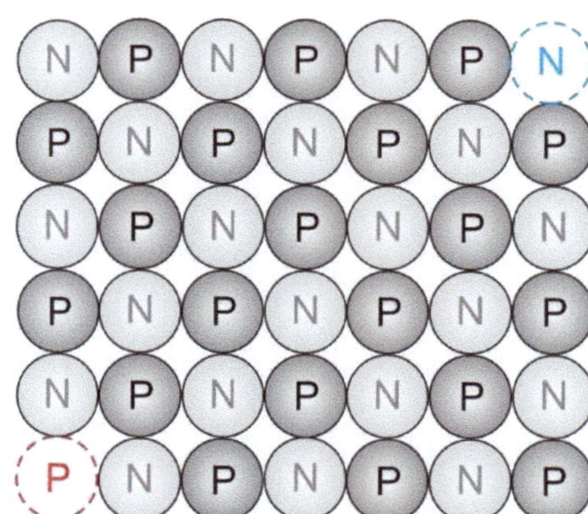

Scandium

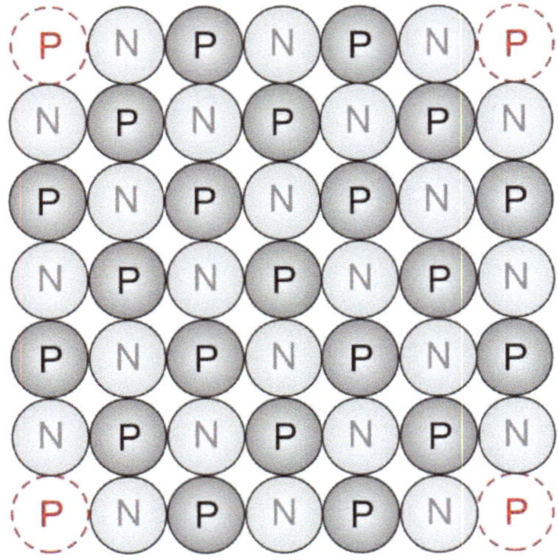

Titan Titanium

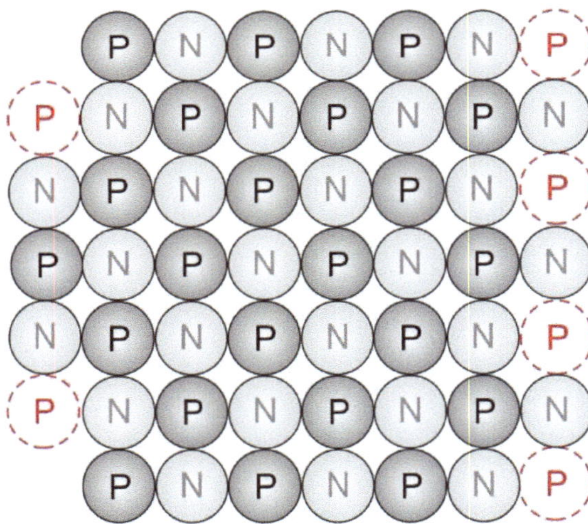

Vanadium

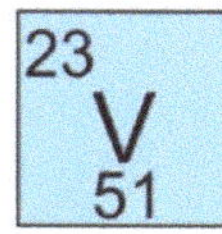

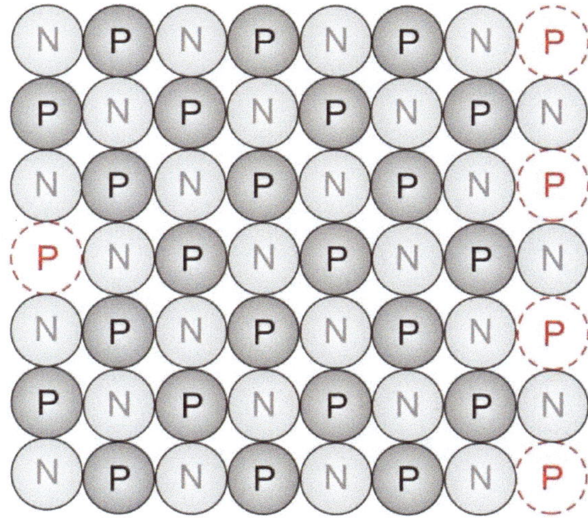

Chrom Chrominium

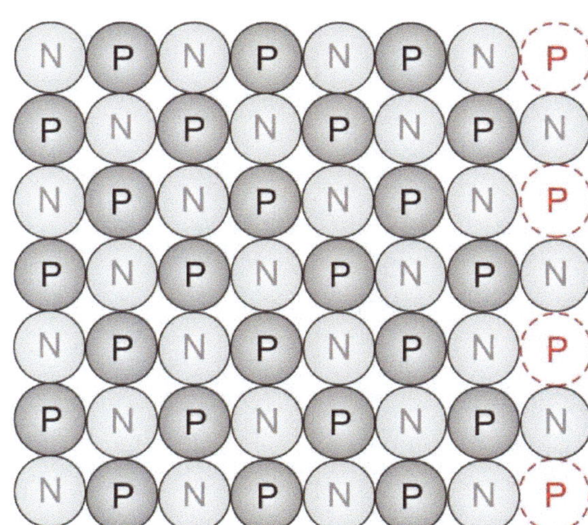

Mangan Manganese

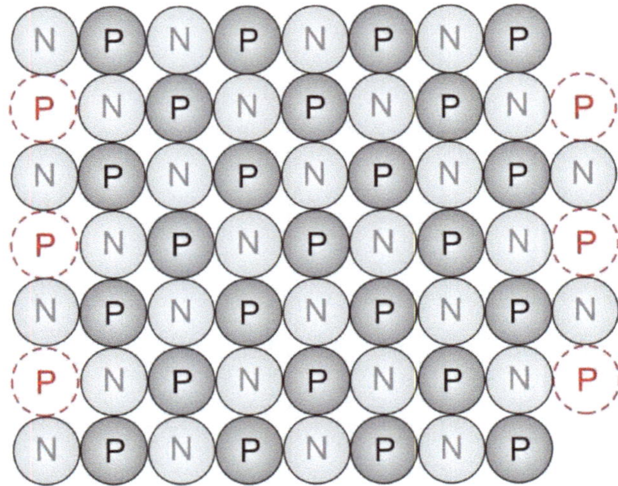

Eisen Iron

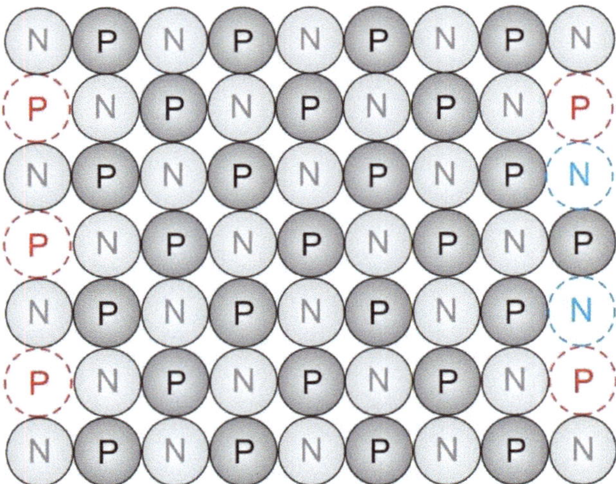

Cobalt

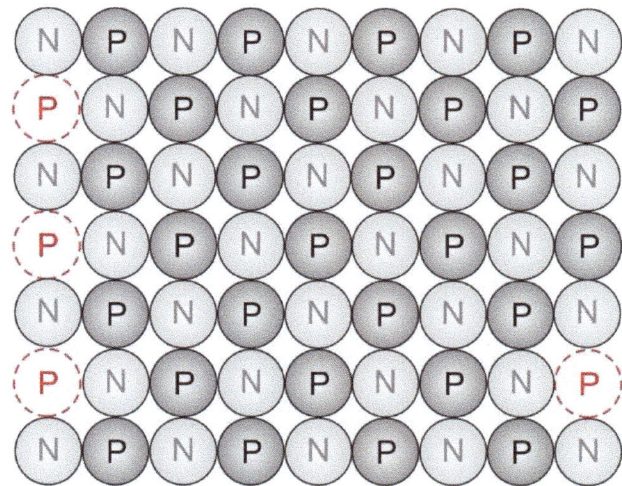

Nickel

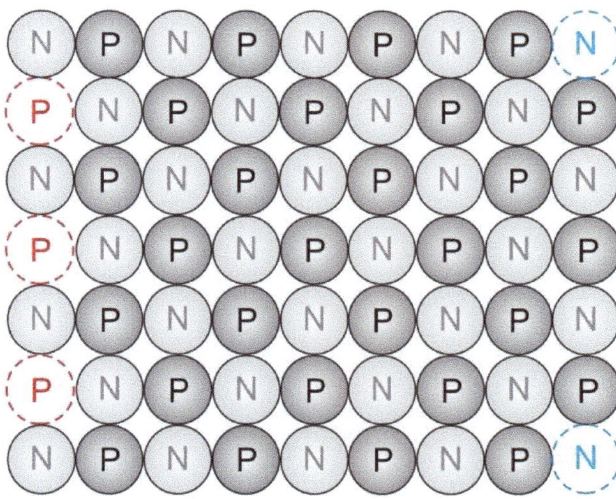

Elemente mit Ordnungszahlen 29, 30 fehlen!

Kupfer Copper

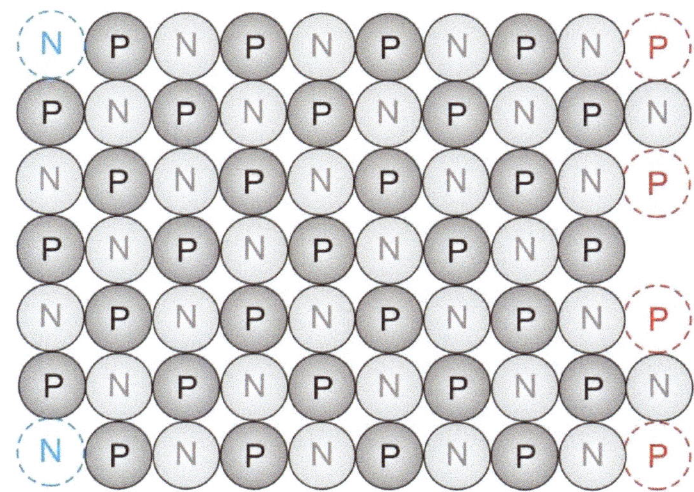

Zink Zinc

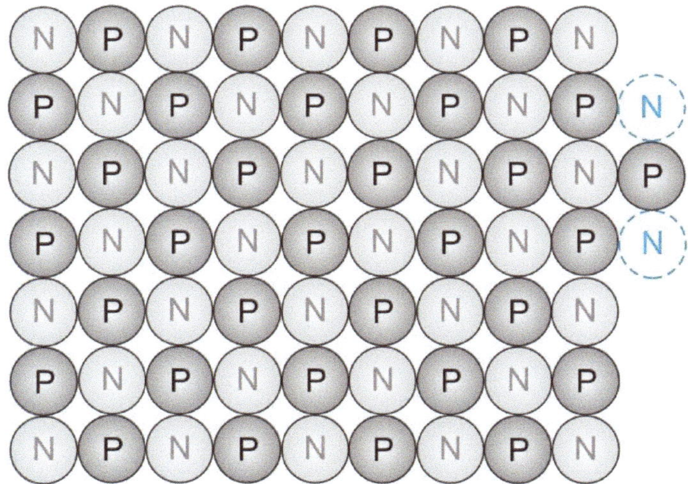

Element mit Ordnungszahlen 33 fehlt!

Gallium

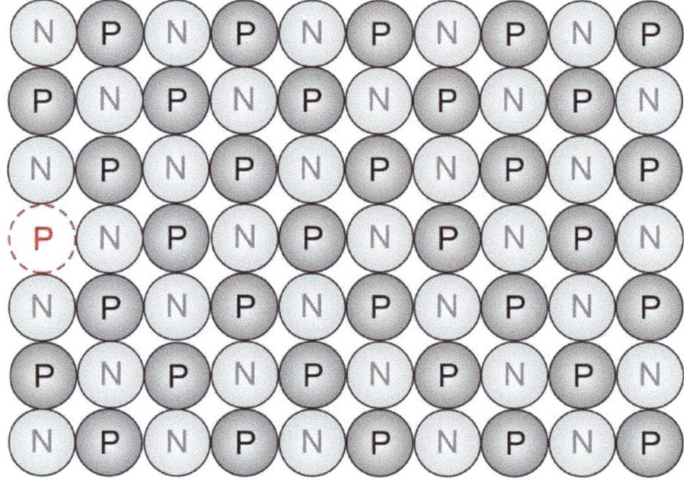

Germanium

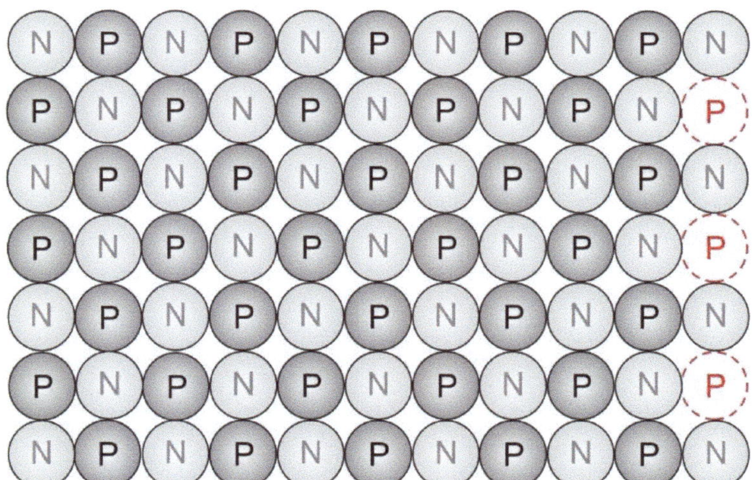

52

Elemente mit Ordnungszahlen 36, 37, 38 fehlen!

Arsen Arsenic

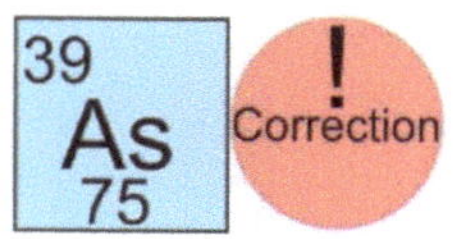

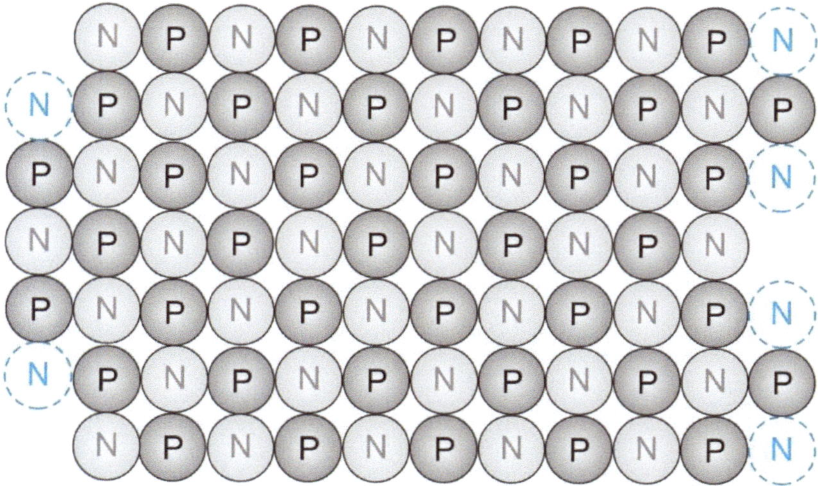

Selen Selenium

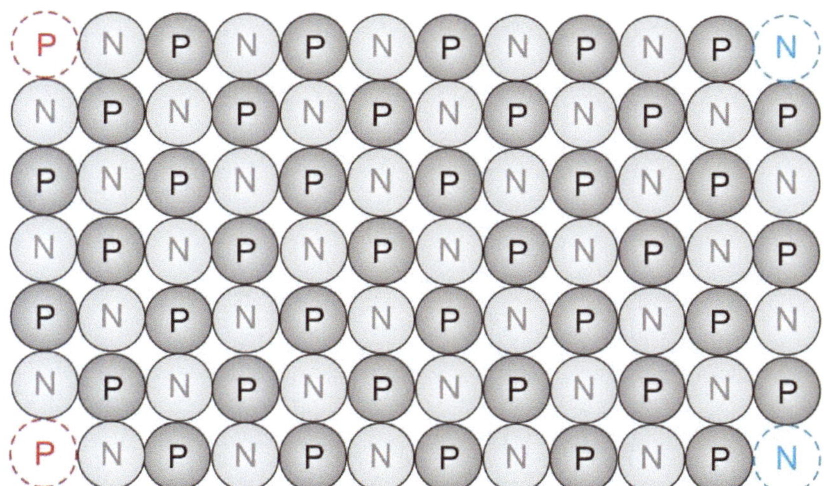

Brom Bromine

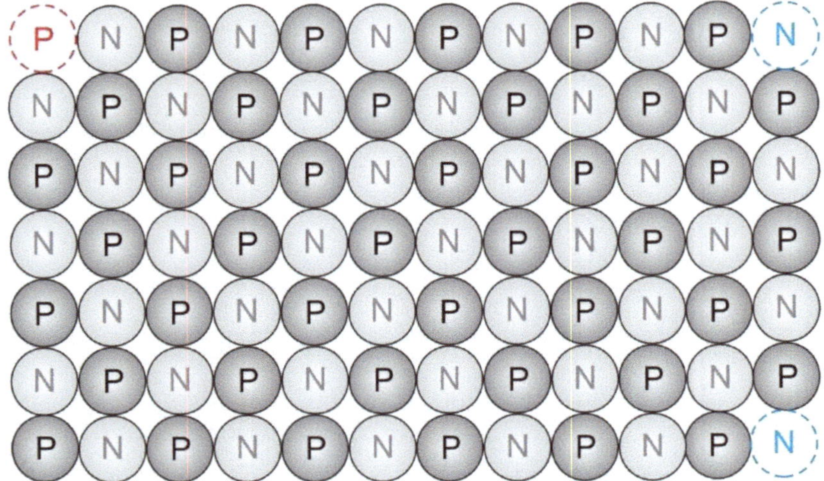

Krypton (Edelgaskonfiguration)

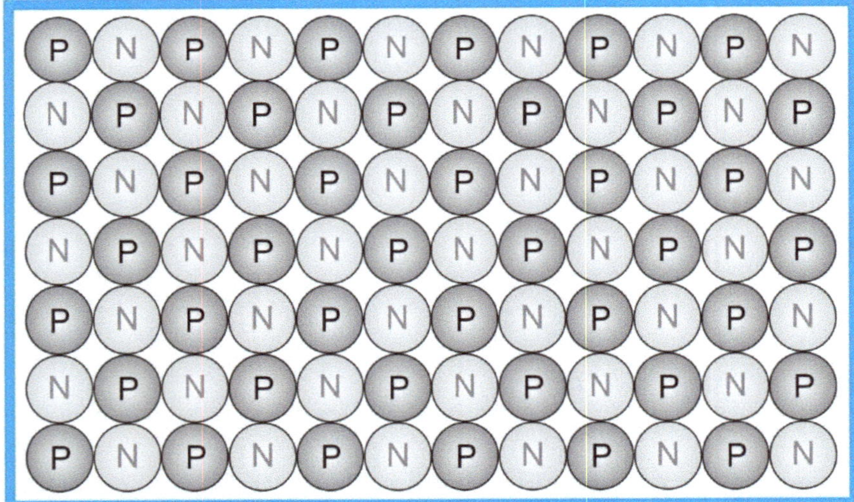

5. PERIODE

5ST PERIOD

Rubidum

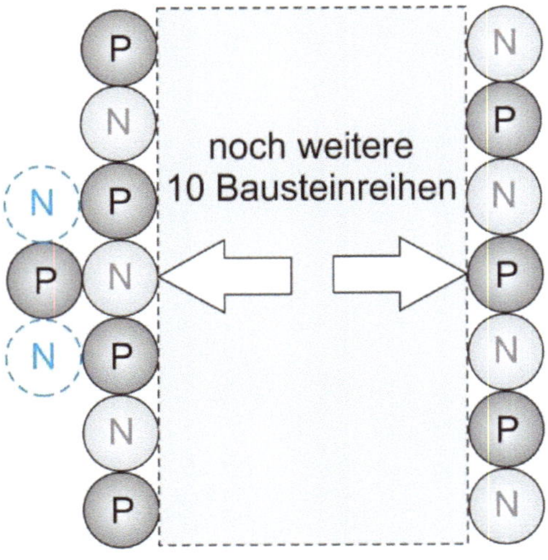

Strontium

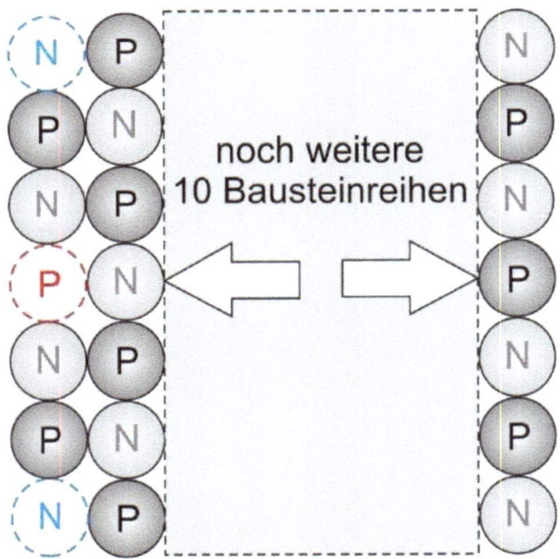

Yttrium (Reinelement)

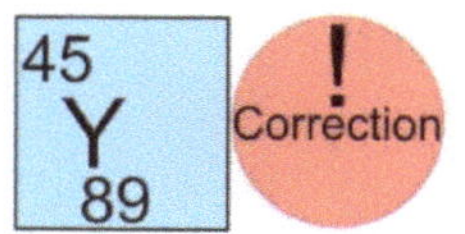

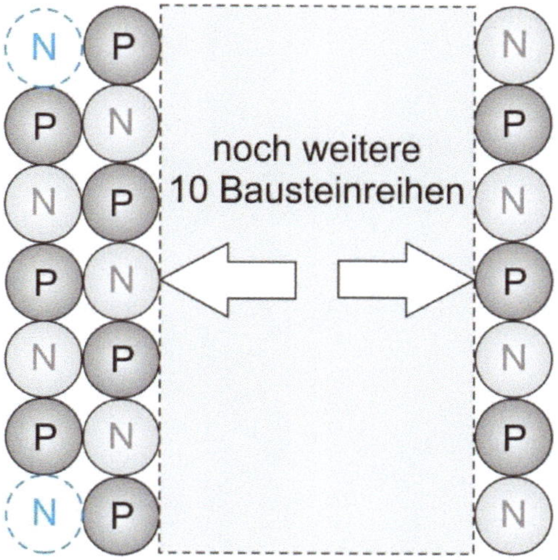

Zirconium

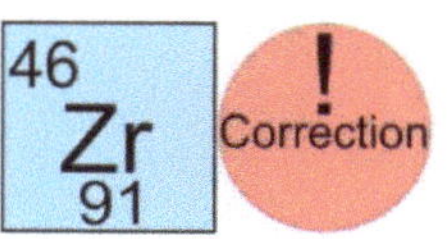

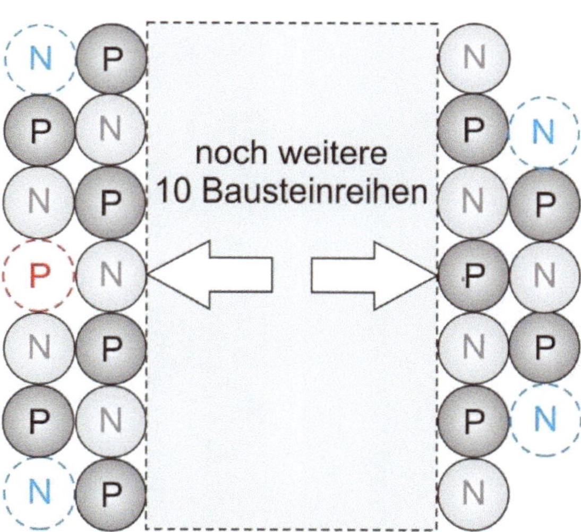

Niobium

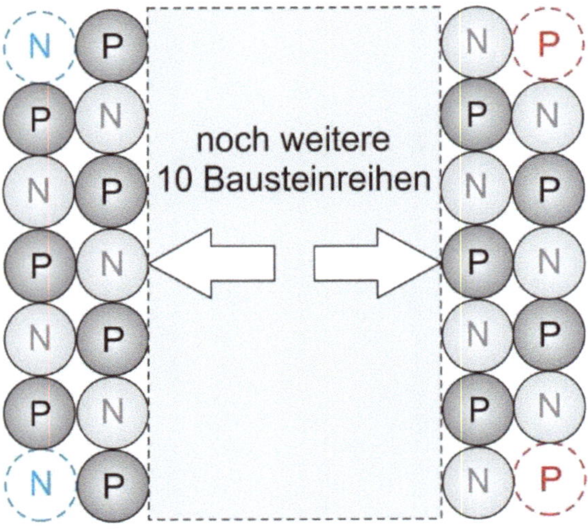

Molybdän Molybdenum

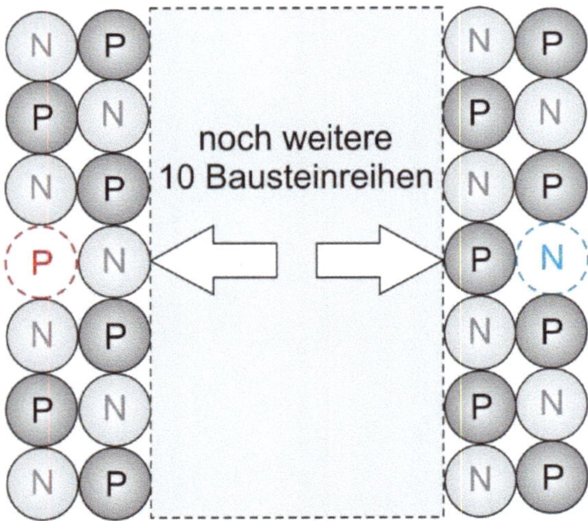

Rhodium (Reinelement)

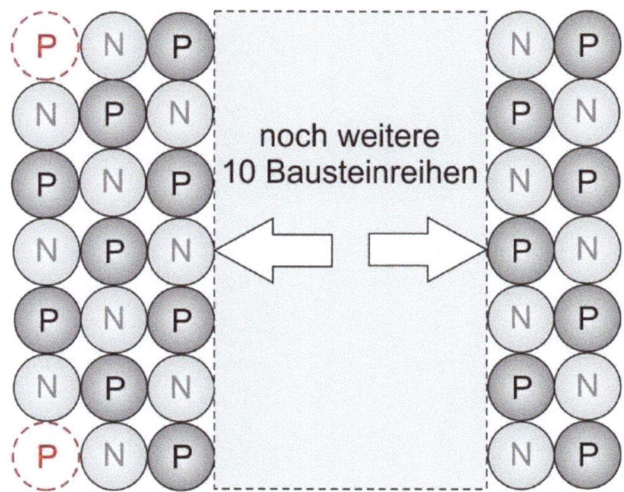

Palladium

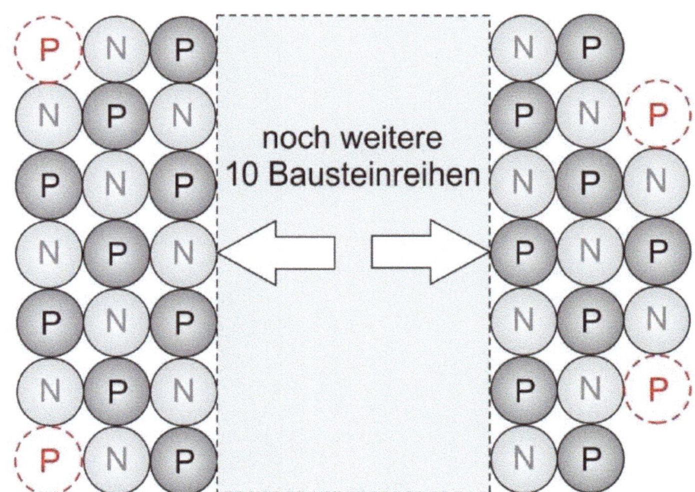

Silber Silver

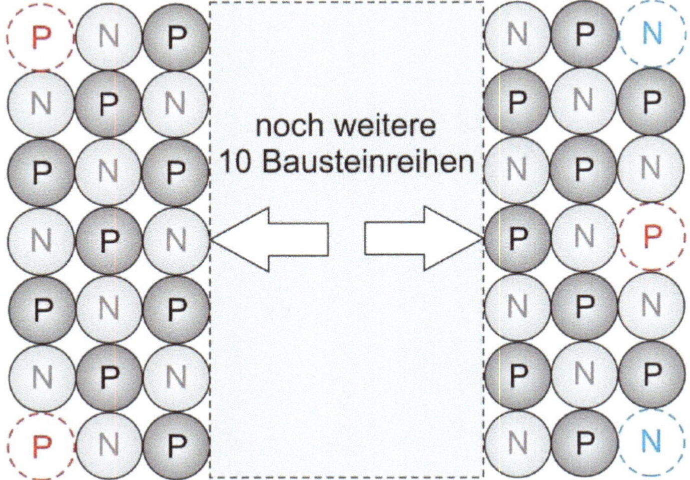

Cadmium

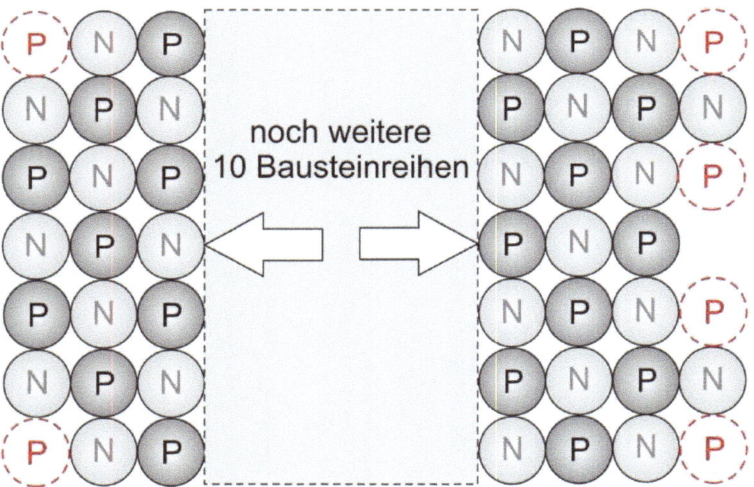

Indium

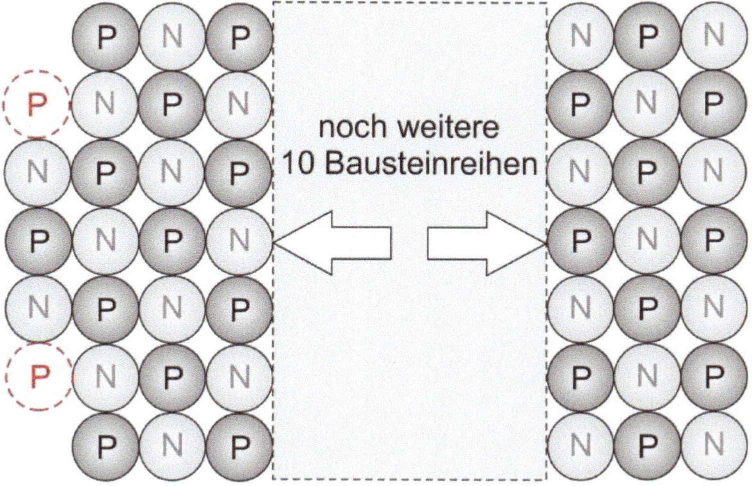

Zinn Tin

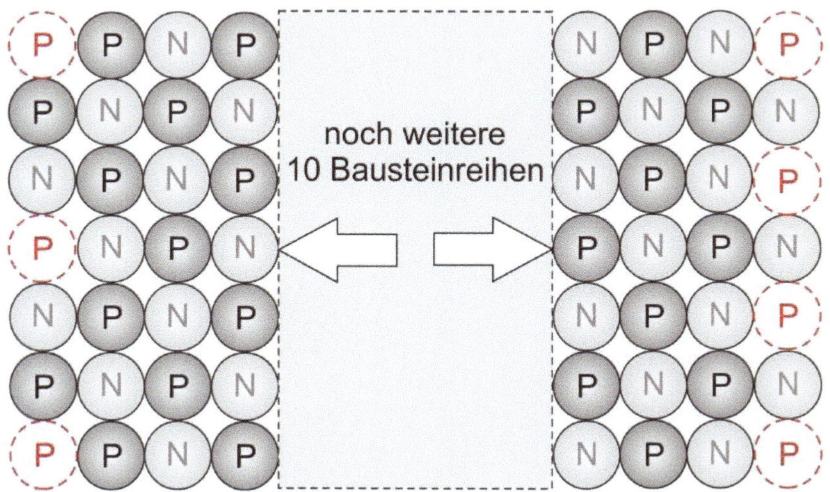

Elemente mit Ordnungszahlen 57, 58 fehlen!

Antimon Antimony

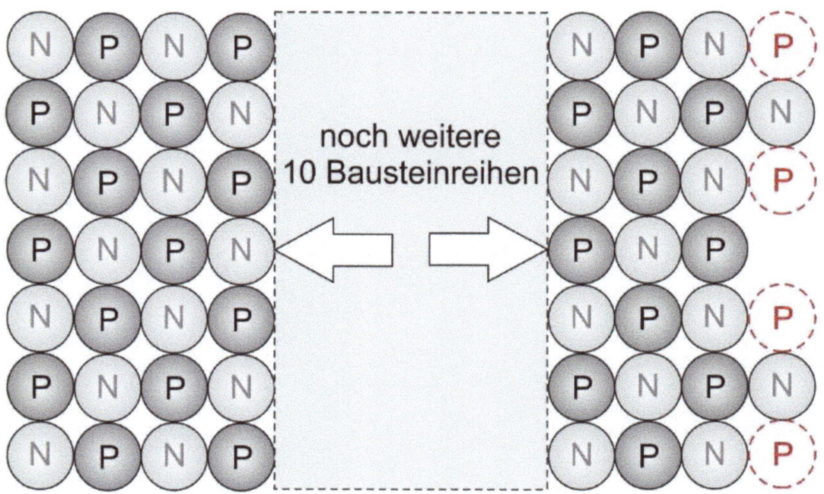

Element mit Ordungszahl 60 fehlt!

Element mit Ordungszahl 61 fehlt!

Tellur Tellurium

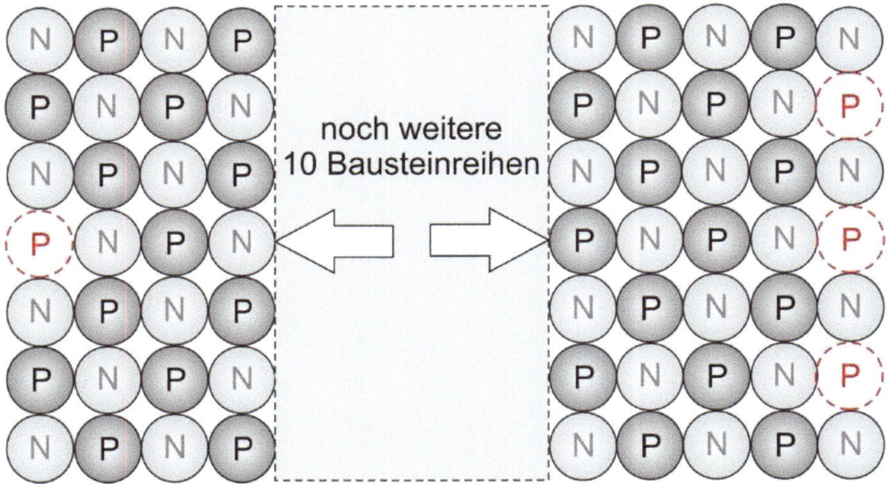

Iod Iodine (Reinelement)

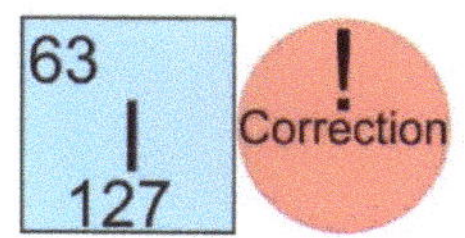

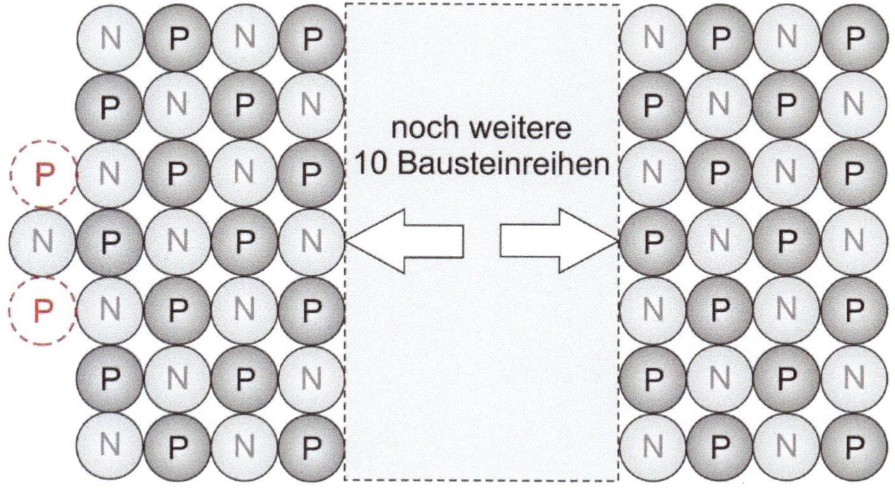

(Element)

Element mit Ordungszahl 64 fehlt!

Elemente mit Ordnungszahlen 65, 66, 67, 68 fehlen!

Iod Iodine(Reinelement)

Element mit Ordungszahl 69 fehlt!

Xenon (Edelgaskonfiguration)

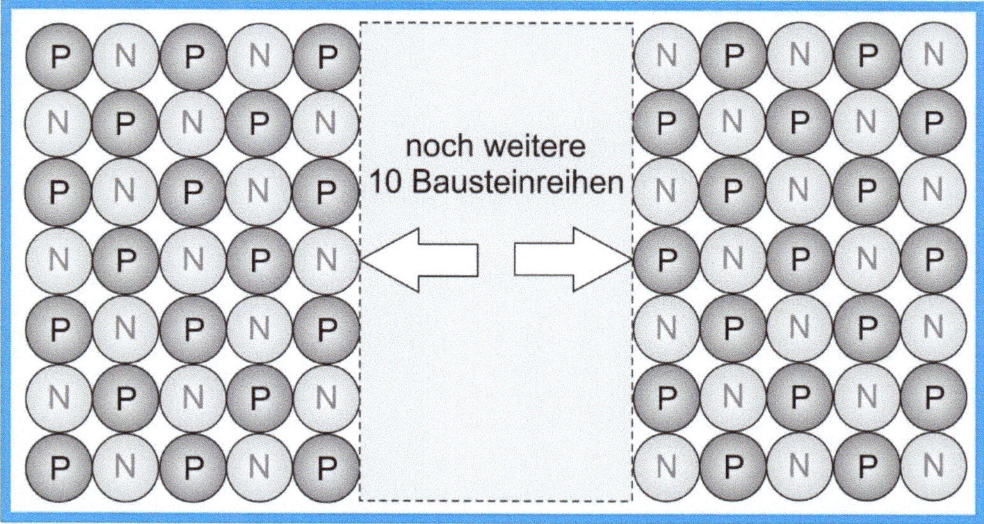

6. PERIODE

6ST PERIOD

Periodensystem und 2d-Atomaufbau. Helmut M. Albert

Caesium (Reinelement)

Wahrscheinlich Element der 5. Periode

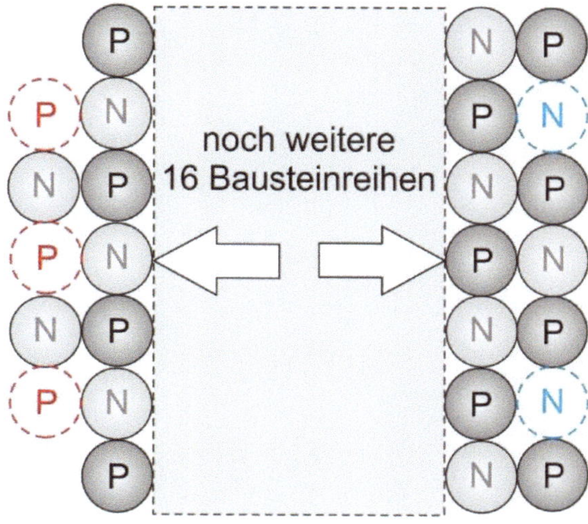

Barium

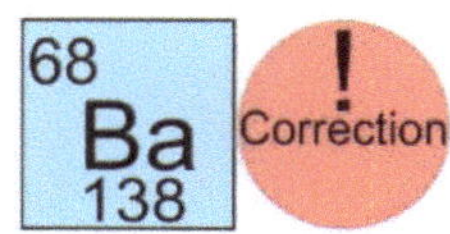

Wahrscheinlich Element der 5. Periode

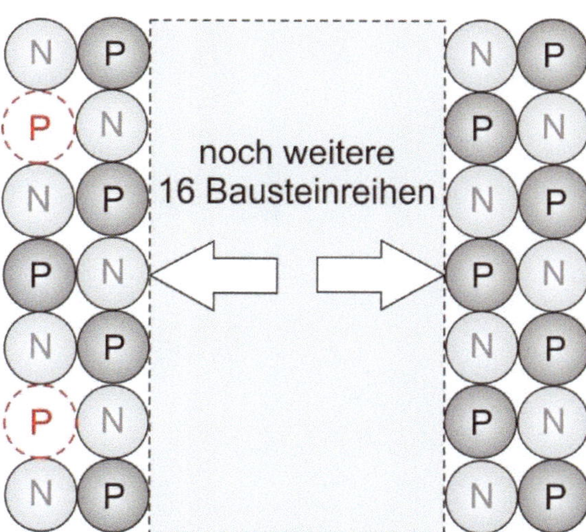

Periodensystem und 2d-Atomaufbau. Helmut M. Albert

Lanthan Lanthanum

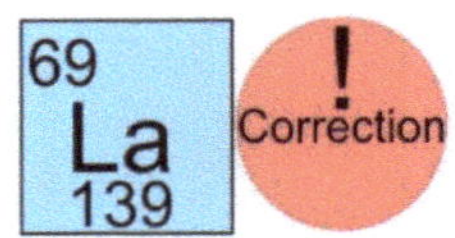

Wahrscheinlich Element der 5. Periode

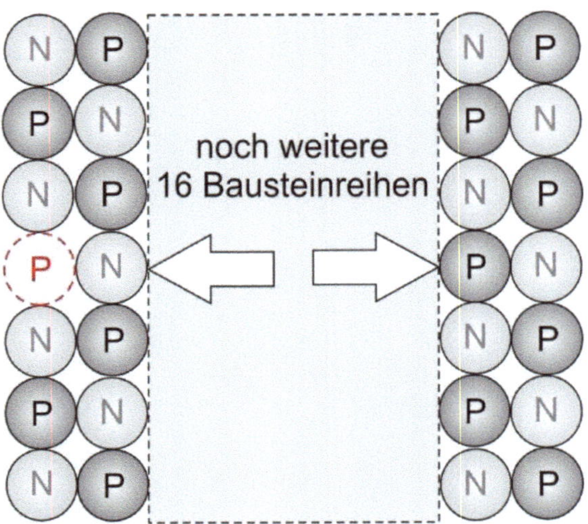

Periodensystem und 2d-Atomaufbau. Helmut M. Albert

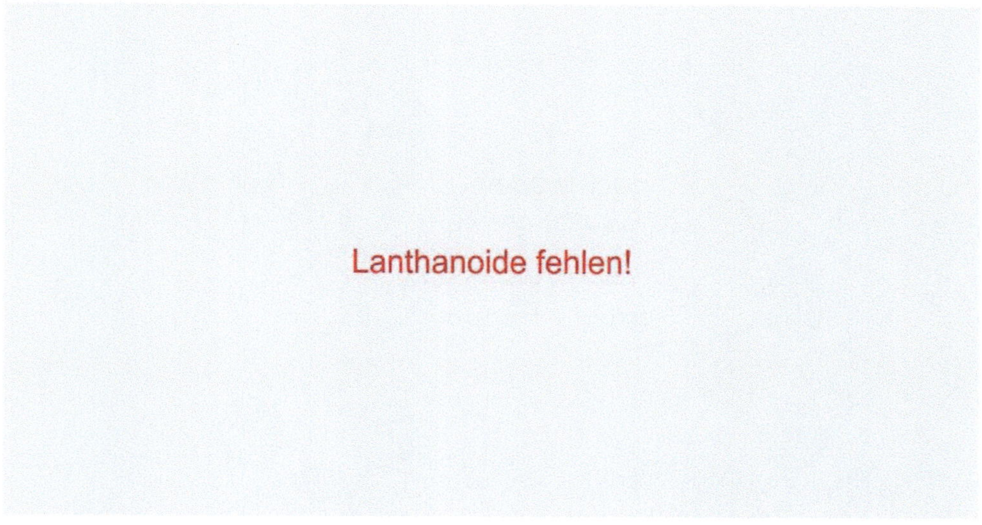

Hafnium

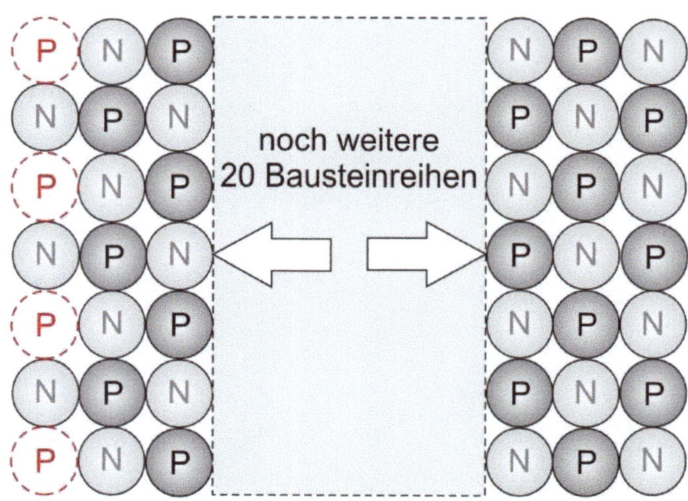

Tantal Tantalum

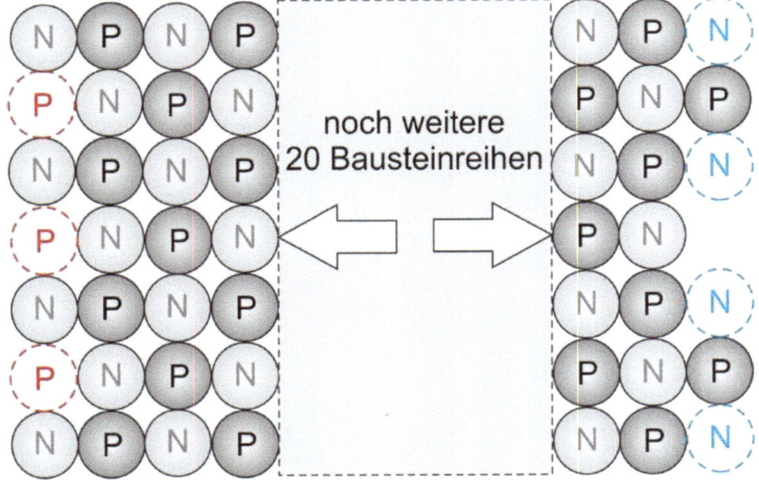

Wolfram Tungsten

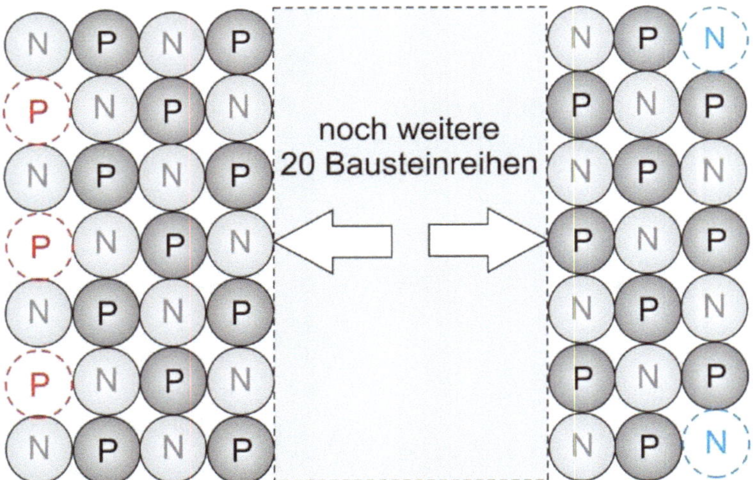

Rhenium

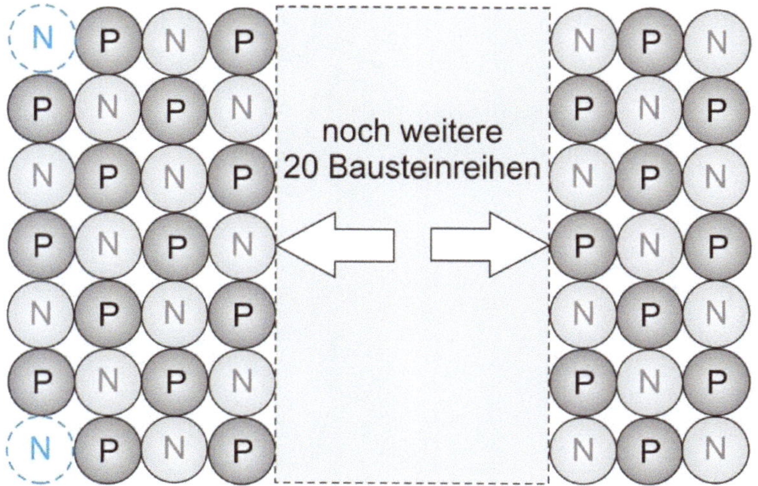

Osmium

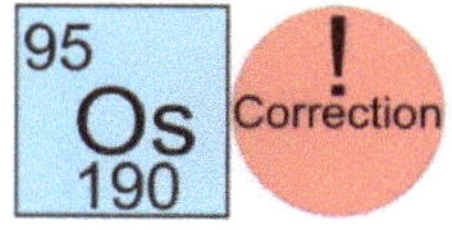

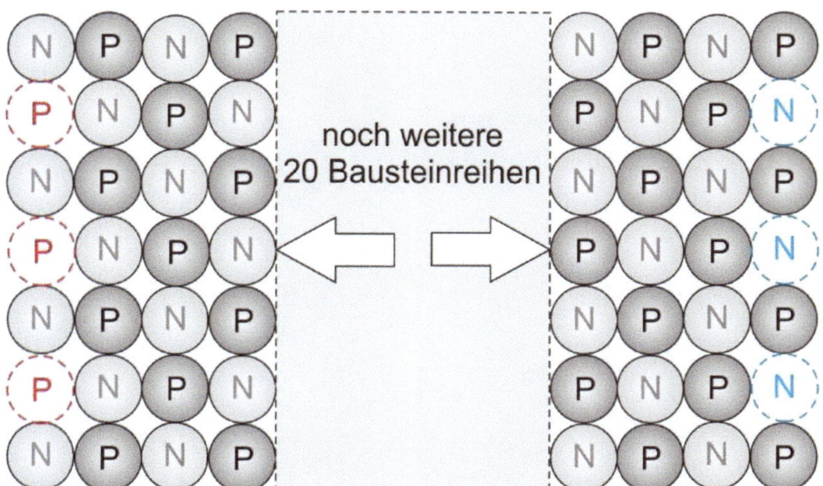

Iridium

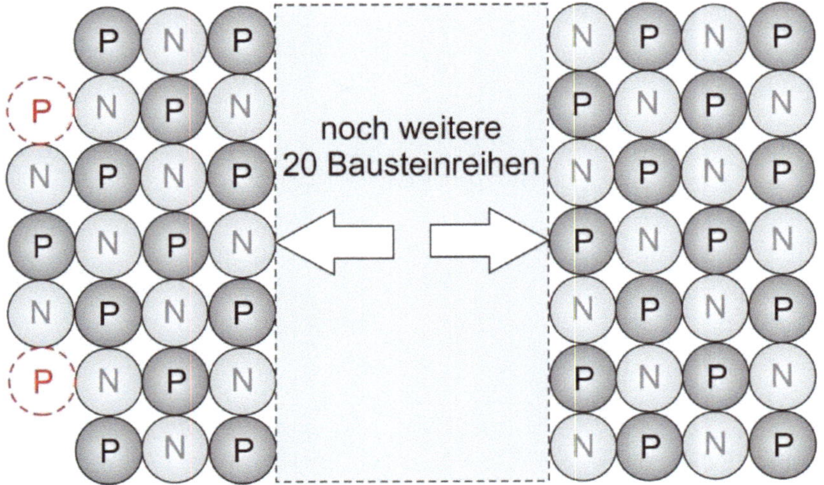

Platin Platinum

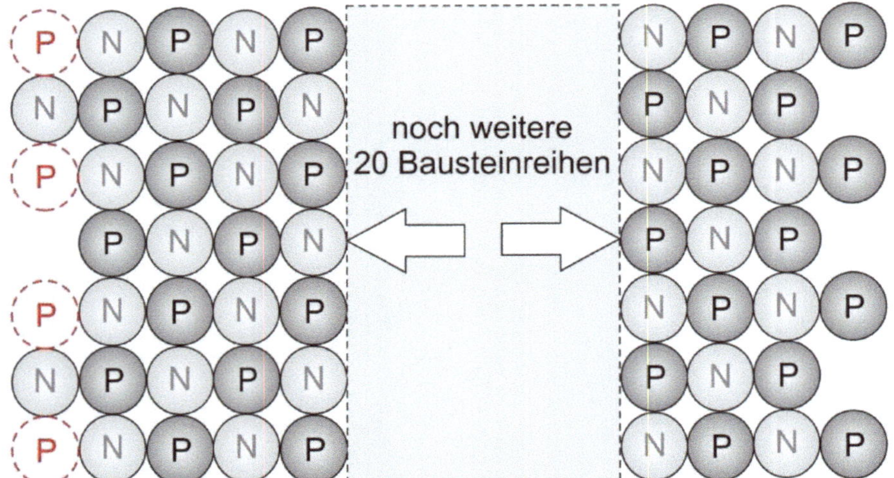

Gold (Reinelement)

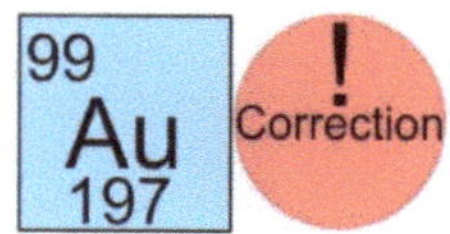

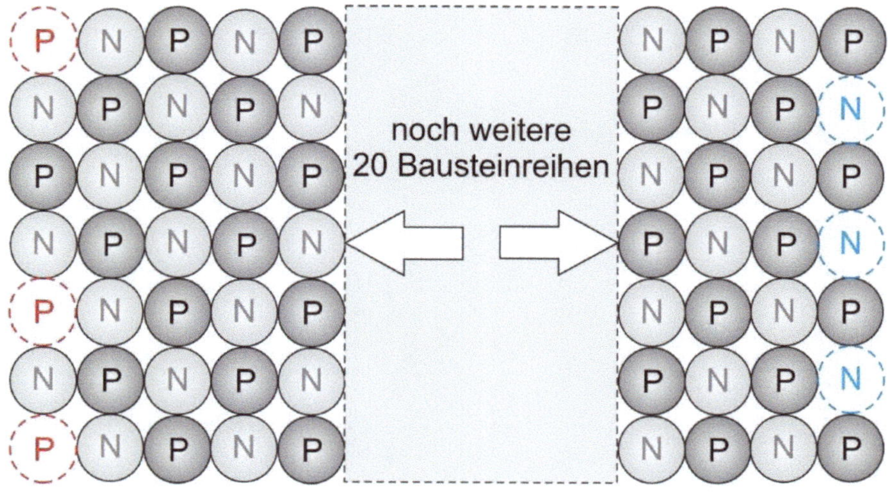

Quecksilber Mercury

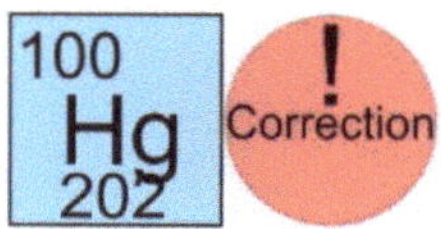

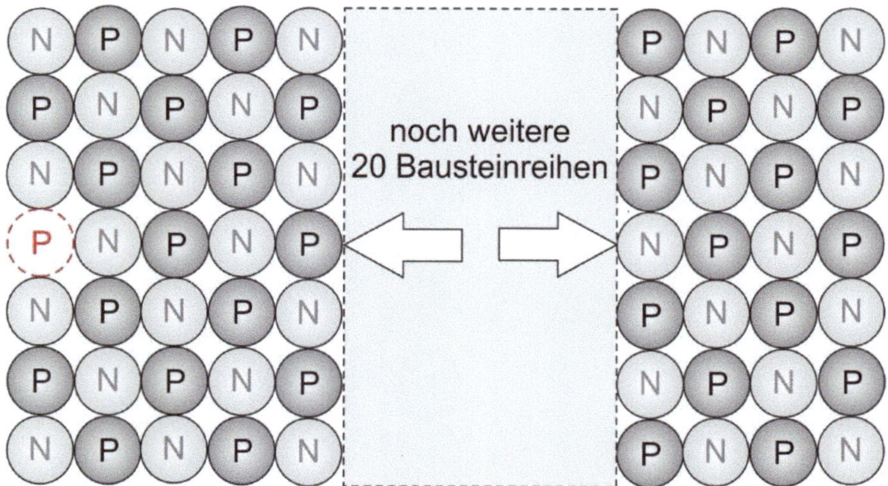

Astat Astatine (instabil)

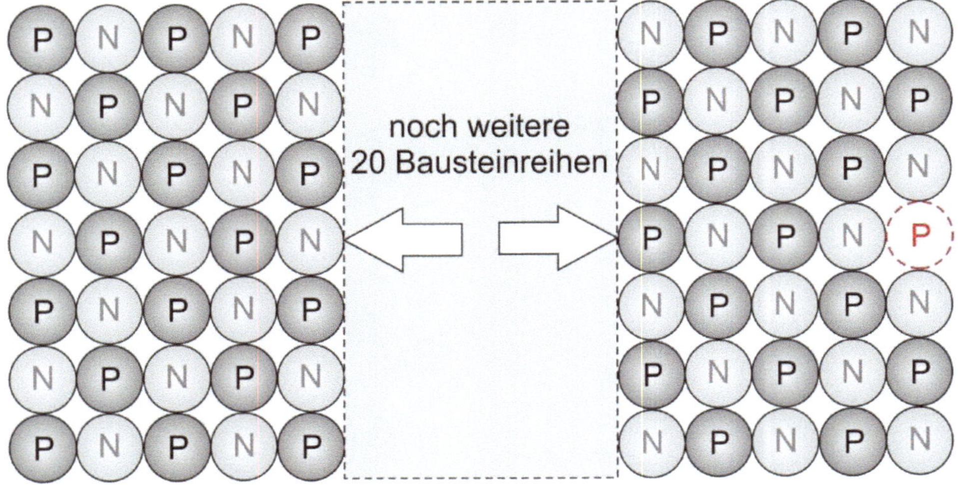

Radon (instabil) (Edelgaskonfiguration)

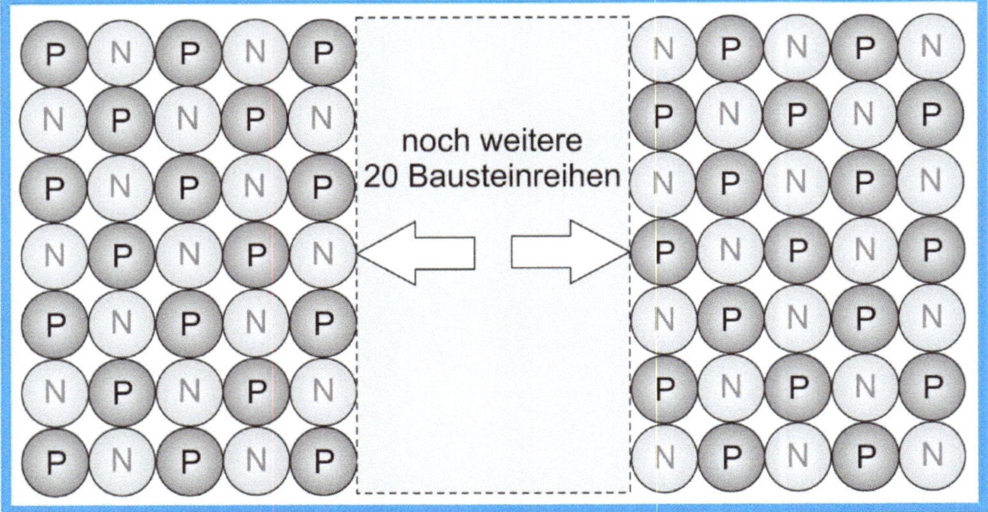

7. PERIODE

7ST PERIOD

Francium (instabil)

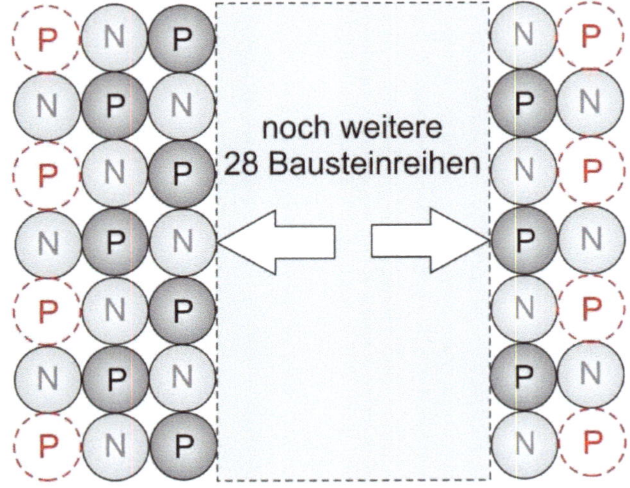

Radium (instabil)

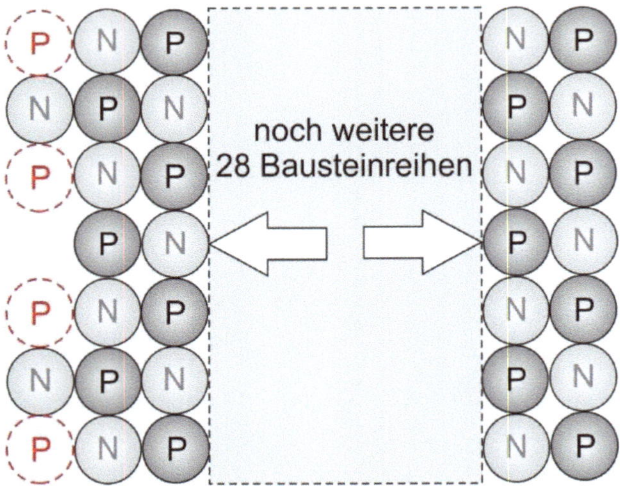

Actinium (instabil)

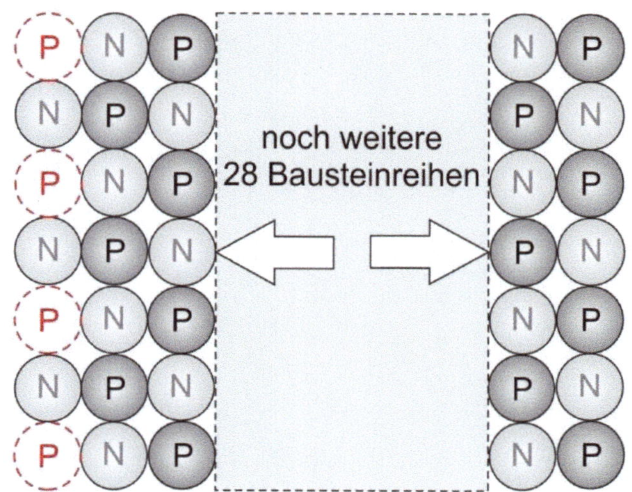

Actinoide
außer Uran und Plutonium
fehlen!

Uran (instabil)

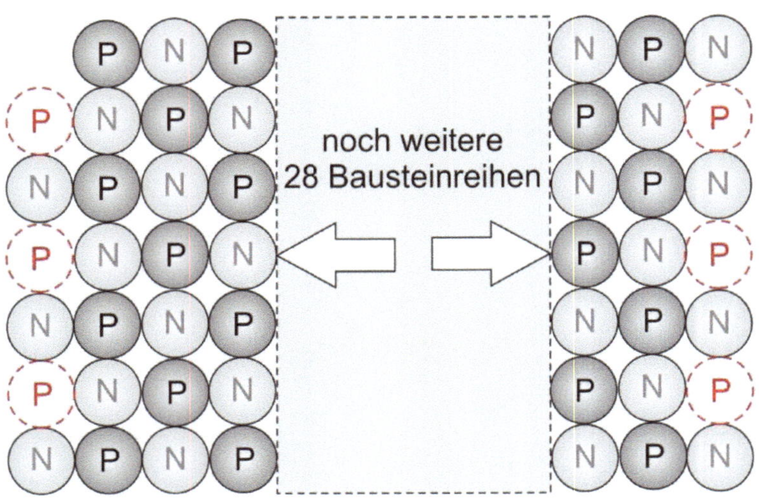

Plutonium (instabil)

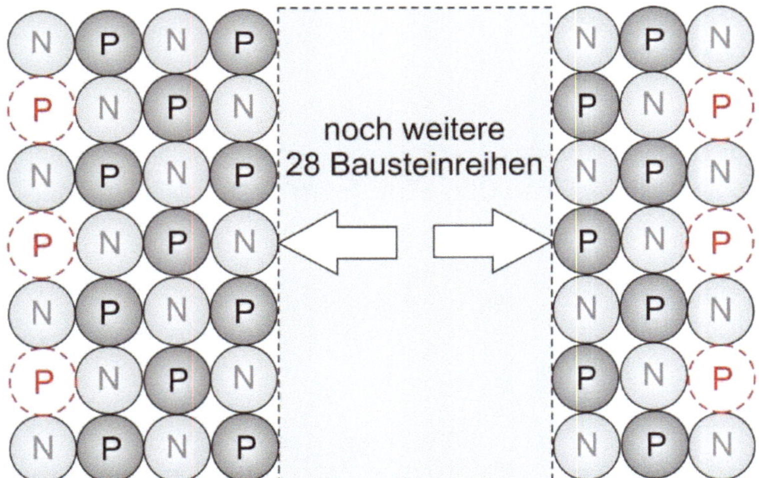

Das Periodensystem der 2d-Atome. Helmut Albert

Elemente bis Oganesson fehlen!

Oganesson (instabil) (Edelgaskonfiguration)

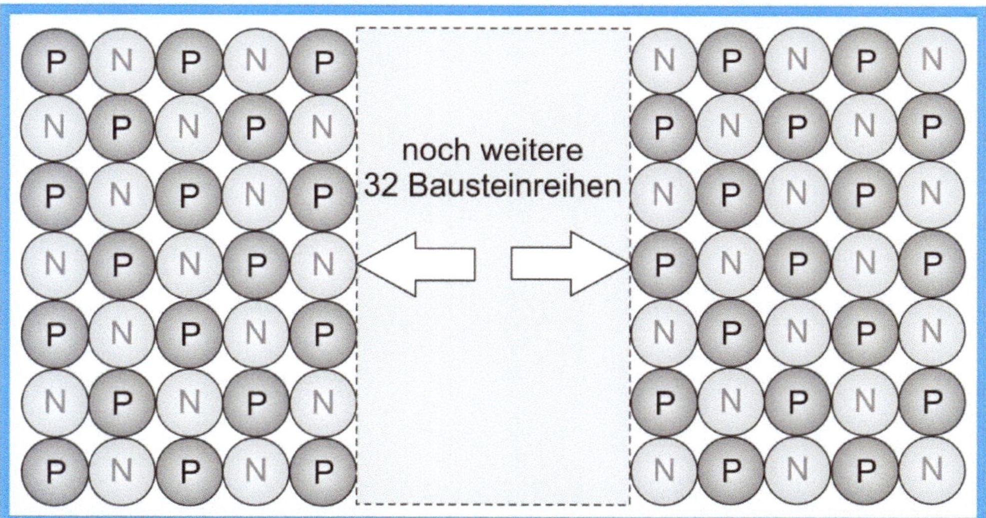

ZUSAMMENFASSUNG

In der vorliegenden Arbeit wurde gezeigt, dass sich das Periodensystem der Elemente mit einem Proton-Neutron-System besser darstellen und einfacher erklären lässt als mit einem Elektronen-System nach der Lehrmeinung. Damit wurde die eingangs gestellte Frage beantwortet, ob das PSE mit einem Proton-Neutron-System interpretiert werden kann. Die Darstellungen der verschiedenen Proton-Neutron-Konfigurationen zeigen, wie die chemischen Eigenschaften der Elemente darauf beruhen. Auf dieser Grundlage können auch die Perioden und Gruppen des PSE realistisch erklärt werden. Einige instabile Atome von Elementen, insbesondere der 7. Periode, deren Daten zu unklar sind, werden jedoch nicht dargestellt und ausgeklammert.

Die Analyse der Atomtheorien des 20. Jahrhunderts hat gezeigt, dass das Elektronensystem zu Beginn dieses Jahrhunderts offenbar „voreilig" entworfen wurde, da die Kernbausteine, die 99,9 % des Atoms ausmachen, noch unbekannt waren. Auch nach der Entdeckung des Protons im Jahr 1919 und des Neutrons im Jahr 1932 änderte sich nichts an der inzwischen fest etablierten Theorie des Elektronen-Systems, und das Elektron blieb der grundlegende Baustein zur Erklärung der chemischen Eigenschaften der Elemente und der Struktur der PSE.

Im Gegensatz dazu zeigt die Arbeit, dass die seit 1932 unternommenen Versuche, die Struktur des Atomkerns zu erklären, bis heute erfolglos geblieben sind und ein Proton-Neutron-System anstelle des Elektron-Systems zur Erklärung der chemischen Eigenschaften nie ernsthaft in Betracht gezogen wurde. In der vorliegenden Arbeit wird dieser Schritt getan und gezeigt, wie die chemischen Eigenschaften und die Struktur der PSE durch ein System der massebehafteten Protonen und Neutronen erklärt werden können. Mit der Theorie des schachbrettartigen 2d-Atomaufbaus wird es in Zukunft möglich sein, die PSE realistisch zu vervollständigen und alle Elemente exakt berechenbar zu machen.

ABBILDUNGSVERZEICHNIS

85

LITERATURVERZEICHNIS

„Aufbauprinzip"(2024): In Wikipedia – Die freie Enzyklopädie. Bearbeitungsstand: 17. September 2024, 07:47 UTC. URL: https://de.wikipedia.org/w/index.php?title=Aufbauprinzip&oldid=248667933 (Abgerufen: 6. Dezember 2024, 11:03 UTC)

Albert Helmut M. (2023): 2d-Atome. Kernformen und Kernstruktur. Herstellung und Verlag:.BoD – Books on Demand, Norderstedt. ISBN: 9783754339992

Albert Helmut (Hg.) (2019): Die Spin-Kernkraft; Planares Atommodell; Verlag Helmut Albert, Freiburg. Epubli –Druck, Berlin.

Albert, Helmut (Hg.) Albert Georg (2017): Atommodell mit schachbrettartiger Struktur, Verlag Helmut Albert, Freiburg. Epubli –Druck, Berlin.

Bleck-Neuhaus (2013): Bleck-Neuhaus Jörn (2013): Elementare Teilchen: Von den Atomen über das Standard-Modell bis zum Higgs-Boson (Springer-Lehrbuch) (German Edition) (Kindle-Position8). Kindle-Version.

Bohr Niels (1922): Über den Bau der Atome, Berlin, Verlag von Julius Springer 1924. Vortrag bei der Entgegennahme des Nobelpreises in Stockholm 1922. Übersetzung: W. Pauli jr.

Das Orbitalmodell (2012): o. V. PDF. *Das Orbitalmodell* 1. Ernst Klett Verlag GmbH, Stuttgart 2012. Auszug aus „elemente chemie 2", ISBN 978-3-12-756830-1

Demtröder Wolfgang (2019): Experimentalphysik 4: Kern-, Teilchen- und Astrophysik (Springer-Lehrbuch). Springer Berlin Heidelberg. Kindle-Version.

Meschede Dieter (2015): Gerthsen Physik, 25 Auflage. (Springer-Lehrbuch) Springer Berlin Heidelberg. Kindle-Version.

„Mendelejew Dmitri Iwanowitsch"(2024): Wikipedia – Die freie Enzyklopädie. Bearbeitungsstand: 24. Oktober 2024, 10:15 UTC. URL: https://de.wikipedia.org/w/index.php?title=Dmitri_Iwanowitsch_Mendelejew&oldid=249699010 (Abgerufen: 15. Dezember 2024, 10:32 UTC)

Mendelejew Dmitri (2018): Grundlagen der Chemie – Band I. Nachdruck der Originalausgabe von 1891. Severus Verlag, 2018. Aus dem Russischen übersetzt: L. Jawein, A. Thillot. ISBN: 978-3-95801-306-3

Mendelejew Dmitri (1891): Grundlagen der Chemie. Aus dem Russischen übersetzt: L. Jawein, A. Thillot. St. Petersburg. Verlag von Carl Ricker. Nevsky Prospect, 14.

„Oganesson"(2024): In Wikipedia – Die freie Enzyklopädie. Bearbeitungsstand: 29. September 2024, 16:54 UTC. URL: https://de.wikipedia.org/w/index.php?title=Oganesson&oldid=248997757 (Abgerufen: 30. Dezember 2024, 12:42 UTC)

Schmiermund Torsten (2019): Die Entdeckung des Periodensystems der chemischen Elemente: Eine kurze Reise von den Anfängen bis heute (essentials). Springer Fachmedien Wiesbaden. Kindle Version.

„Spin-Flip" (2024): Wikipedia – Die freie Enzyklopädie. Bearbeitungsstand: 19. Dezember 2022, 15:52 UTC. URL: https://de.wikipedia.org/w/index.php?title=Spin-Flip&oldid=229003262 (Abgerufen: 24. Dezember 2024, 11:53 UTC)

„Stoney George Johnstone" (2024): In Wikipedia – Die freie Enzyklopädie. Bearbeitungsstand: 14. Mai 2024, 14:43 UTC. URL: https://de.wikipedia.org/w/index.php?title=George_Johnstone_Stoney&oldid=244956516 (Abgerufen: 30. Dezember 2024, 12:46 UTC)

„Thomson Joseph John"(2024): In Wikipedia – Die freie Enzyklopädie. Bearbeitungsstand: 10. September 2024, 07:54 UTC. URL: https://de.wikipedia.org/w/index.php?title=Joseph_John_Thomson&oldid=248472060 (Abgerufen: 30. Dezember 2024, 12:47 UTC)

Podbregar Nadja (2013): Als die Atome Schalen bekamen: 100 Jahre Bohrsches Atommodell (online). Scinexx.de; das Wissensmagazin. https://www.scinexx.de/dossier/als-die-atome-schalen-bekamen/ (Abgerufen, 29.12.2024)

BIOGRAFIE

Helmut M. Albert

geb. 1960 in Speyer / Rhein

Lebt und arbeitet in Freiburg / Deutschland

1974-1976 Ausbildung zum Betriebsschlosser. BASF Ludwigshafen.

1978-1981 Ausbildung im Kunsthandel. Galerie Rusch / Neustadt Weinstr.

Abendakademie Mannheim: Aktzeichnen und Kunstgeschichte

1981-1987 Studium der Bildhauerei / Akademie der Bildenden Künste, Nürnberg

(Figürliche Arbeiten: Gips, Ton. Materialstudien: Stahl, Holz, Gips, Gummi)

1987-2006 Konkrete Arbeiten auf Grundlage von Materialstudien.

Seit 2015 Auseinandersetzung mit der Grundlagenphysik

Auszeichnungen:

2013 Artur-Fischer-Erfinderpreis des Landes Baden-Württemberg.

1995 Einjähriges Stipendium für Bildende Kunst, Offenburg.

1993 Lincoln (GB) Stipendium des Landes Rheinland-Pfalz

Diverse Kunstpreise